森林笔记

长白山动物家园

朴正吉　著

長春出版社
全国百佳图书出版单位

图书在版编目（C I P）数据
长白山动物家园. 森林笔记 / 朴正吉著. -- 长春 :
长春出版社, 2024. 10. -- ISBN 978-7-5445-7601-7
Ⅰ. S718.55
中国国家版本馆CIP数据核字第2024D51T09号

长白山动物家园——森林笔记

CHANGBAISHAN DONGWU JIAYUAN——SENLIN BIJI

出 版 人　郑晓辉
著　　者　朴正吉
责任编辑　高　静　郭鼎民
封面设计　王志春

出版发行　长春出版社
总 编 室　0431-88563443
市场营销　0431-88561180
网络营销　0431-88587345
地　　址　吉林省长春市朝阳区硅谷大街7277号
邮　　编　130103
网　　址　www.cccbs.net

制　　版　长春出版社美术设计制作中心
印　　刷　长春天行健印刷有限公司

开　　本　787mm × 1092mm　1/16
字　　数　153千字
印　　张　13.25
版　　次　2024年10月第1版
印　　次　2024年10月第1次印刷
定　　价　75.00元

前　言

我从小就生活在长白山，生活在浩瀚的大森林中，生活在自然的王国里，成为森林中执迷于观察动物的一员。我喜欢静静地观察自然，把大部分的时光投入长白山这片土地上。这片原始森林记录着动物区系变化的历史轮廓，告诉我们这里曾经经历了什么。我们至今还没有完全了解它，因为森林是丰富多彩的，是富有故事的生命体。

这部森林笔记主要记述的是野生动物的故事。这些故事涉及我非常感兴趣的野生动物，尤其是对在温带针阔叶混交林生态系统中起到关键作用的松鼠进行了重点介绍，介绍了它如何扮演维持地带性珍贵树种自然更新的角色。写一部记述森林与动物的故事的书，对我来说是一件快乐的事情，既可以回忆过去，又可以从自己观察的角度发现保护森林遇到的基本问题。

这本书记录了这些年来我在长白山温带森林调查研究过程中的所见所闻和对于一些自然现象的思考，希望能够为读者提供一些值得思考的话题，成为人类与那些值得被保护的生灵及其生存栖息地联系起来的纽带，让这条纽带环绕万物生息的世界。

目　录

01. 红石砬子 / 001

02. 森林湿地延伸的角落 / 011

03. 我与一片森林结缘 / 018

04. 老鹰的猎技 / 029

05. 别样的大森林 / 036

06. 来自北极的岳桦 / 046

07. 松鼠的生活 / 054

08. 松鼠的粮仓 / 061

09. 食客 / 068

10. 有趣的实验 / 076

11. 暴雪之后 / 079

12. 星鸦的智慧 / 092

13. 松鸦与野猪 / 096

14. 大嘴乌鸦的故事 / 099

15. 竞争的代价 / 104

16. 悄无声息的猫头鹰 / 111
17. 夜幕下的幽灵 / 118
18. 森林里的凤凰——花尾榛鸡 / 129
19. 红交嘴雀与球果 / 138
20. 一条道路的故事 / 144
21. 解密动物的痕迹 / 153
22. 无声的记录 / 159
23. 雪的原野 / 169
24. 寻找正在消失的物种 / 181
25. 小小毛毛虫 / 192
26. 森林、动物与人类 / 199

01. 红石砬子

每当走进森林或河岸带，首先迎接我的是动听的鸟鸣声、蛙鸣声、清风细雨和在微风中曼舞的生机盎然的各种植物。走到它们之中，感受到的是芳香和美丽。可能是因为对自然的好奇和偏爱，大自然总是给予我幸福和安慰，赋予我热情。

我还记得 20 世纪 80 年代初的一个秋季，初次进入长白山国家级自然保护区头道白河的红石砬子考察的那一刻。我背着苏式双筒猎枪，沿着小河顺流而下，来到了山脚下的河湾处。这条河是头道白河，河岸边植物种类繁多，大杨树、榆树、红松、水曲柳、蒙古栎等参天大树矗立着，林下木贼茂盛，刺五加等灌木密集。

我走到河岸边的草地时，一头卧在岸边的马鹿突然站起来，跑出几步后停下来，好奇地回头望着我。紧接着，一头公鹿和两头母鹿，还有几头当年出生的幼鹿也站了起来。我本能地停步不动，看着鹿，欣赏了好几分钟。后来，一头母鹿转动身体，公鹿短促地低叫了一声，仰起头，双角抵背，矫健地跳跃着离开了。一瞬间，这群马鹿跟着那头大公鹿跑远了。跑出一段距离后，它们停下脚步，一个个又头朝向我，在那里观望着。我透过树干之间的缝隙，可以看到它们好奇的眼神，它们还不时地摆动大耳朵，左右转动着，似乎在空气中捕捉着什么。从它们的表现来看，我并没有惊动它们，对它们没有构成威胁，这给

◎头道白河的秋景

◎马鹿

了我充分观察它们的机会。

马鹿夏季栖息在森林茂密或海拔较高的高草阴凉坡上，冬季活动在阳光充足的地方，以及河谷、宽广地带和幼树丛生的森林中。马鹿夏天吃青草，冬天最爱吃瘤枝卫矛、山杨、刺五加等幼枝，也喜欢吃雪被下绿油油的直立的木贼来补充水分。在长白山地区，整个森林都是它们栖息的地方，从山脚下至山顶，都有它们的足迹。

我继续顺河流往下走，进入了茂密的针叶树林。这里的地形切割明显，深谷倒木横陈，河流湍急，岸边堆积着洪水冲积的漂流木。高大的树冠遮挡了天空，林下变得阴森而凄凉，使人感到说不出的寂静，又有点儿可怕的感觉。

◎木贼是一种蕨类植物，是大多数有蹄类动物喜欢的食物

在岸边和石头上布满苔藓的小溪流附近的沟坡上，到处是大面积的被野猪拱翻的地表——它们在觅食草根，也可以见到野猪咀嚼大量红松种子后吐出的种子皮，它们排泄的粪便形状完整而干燥。不远处，红松集中生长的山坡上，一群黑熊曾在这里饱食了红松种子——地面上可见它们坐在地上用粗大有力的前掌碾碎红松球果后吃种子的痕迹，到处可见成堆的近几天排泄的黑熊粪便，空气中还散发着熊类特有的气味，这说明它们没有离开多久，吃饱了就在附近休息。

◎黑熊的粪便里，红松种子皮清晰可见

一路上，我看到许多松鼠、花鼠、星鸦在忙着储存过冬所需的食物，有的储存在地上，有的储存在地下深处的洞穴中，也有的储存在倒木、树皮的缝隙间。地面上，棕背䶄艰难地从红松球果中取下种粒，迅速地跑进自己的洞穴。它们每次出洞时都格外谨慎，先探出头环顾周边，并不停地摆动触须，然后到球果边取出种子后快速离开。

我走到河边，突然闻到一股动物尸体散发出的气味。我顺着气味的方向走了约百米，看到离我 20 多米的地面上有动物在移动。我又往前走了几步，看到有东西从地面跳跃几步后试图起飞，但没有飞多高就停落在大树的侧枝上。地面上还有 3 只也没有飞出去多远，都停在了大倒木上。这是秃鹫，它们在长白山森林中属于最大的鸟类。原来，它们吃得太饱，飞不起来了。

在河边平坦的草地上，一头马鹿的尸体已经被许多食肉动物分解得没有模样了，只有鹿头和四条小腿比较完整。这头成年马鹿是怎么死亡的，在现场并没有发现有价值的线索。也许是被肉食性捕食动物所杀害，也许是自然死亡。我从它的牙齿分析——臼齿磨损严重，已经所剩无几，因此，可能这头马鹿因牙齿缺失而失去了咀嚼能力，无法获得足够的营养，导致了死亡。从现场来看，有黑熊光顾过，因为马鹿的胫骨、股骨和肋骨有被大型兽类咬断的痕迹。

◎马鹿的尸体

秃鹫没有离开很远，它们是在等待我离开，它们要满足贪婪的食欲。秃鹫的食量的确很大，有时甚至因吃得太多不能飞起而被人类轻易地捕捉。秃鹫是典型的食腐鸟类，它们不擅长主动捕猎，而是靠着敏锐的嗅觉和视觉，专门寻找动物尸体。人们经常可以看到它们在高空中盘旋，寻找地面的尸体。秃鹫是森林、草原和荒漠地带的清洁工，可以把尸体清理干净。

从开阔的河岸边看到，山头上的太阳就要落下去了，远处被高大树木遮挡住阳光的地方，呈现出一片阴森的景象。我需要抓紧时间返回我们休息的小木屋。返回途中，在河边我见到一个没有见过的奇怪东西——人类的杰作，形状为方形，用 28 根长约 80 厘米的木棍相互叠加搭建而成，类似木箱，高约 40 厘米。顶盖用苔草覆盖，草根固定在框的四边，草尖均冲着框中心。我听说有人用这个方法捕捉“飞龙”，即花尾榛鸡——在框中心放置较为鲜艳的红果，红果可以用塑料制成的浆果状物代替，当“飞龙”看到红果后，便会飞向红果，落入木箱里，此时，顶盖覆盖的苔草由于弹性会恢复原位，这样落入的“飞龙”就无法从框的上部飞出去，只好围着木箱的边缘来回转，很容易被活捕。我尽所能拆除了其功能，不能让非法捕猎有可乘之机。

秋天，中国林蛙要开始从陆地下河了。我一路上见到许多林蛙向着河流方向跳动，雄性多于雌性。林蛙进入越冬地点的顺序是幼体入水最早，其次是雄蛙，最后才是雌蛙。雌蛙的个体较大，肚子里满是卵和油脂，行动缓慢，所以下山时较雄蛙和幼体要慢得多。在林蛙迁移的河边也时常见到蛇类，它们在这里等候猎物出现。蛇越冬前要补充足够的能量。

太阳即将沉入树冠下，它的金色的光芒还映照着山尖，而河谷里却已经出现了昏暗的暮色。树梢的黄叶在淡蓝色天空的映衬下，显得格外分明。森林飞禽停止了活动，昆虫发出微弱的鸣叫声，干枯的草叶和树叶在阵风中摇摆，处处都可以感受到深秋临近了。深沉的黑夜很快笼罩了四周，但透过茂密的树林还可以看见西边灰白的天空。夜里活动的猫头鹰时而发出类似狗叫的声音，被惊动的狍子在不远处惊叫。

◎黄昏的天空

森林中许多鸟类、昆虫甚至风都渐渐安静下来。此时，只有我在林地中疾步前行的脚步声格外清晰，时而可以听到腿脚与植物摩擦发出的奇怪声音。在这寂静的时刻，远处传来马鹿的鸣叫声，像牛，也像老虎的叫声。低沉而雄壮的声音打破了森林里的宁静，不一会儿，山的北面、东面和西面都传出马鹿的鸣叫声。这是雄性马鹿进入交配期呼唤雌性马鹿的信号，也是传递自己强壮体魄的信号，或是向其他雄性马鹿发出的争偶战书。

不知不觉中，我回到了我们要过夜的木刻楞（一种木头房子）前，附近就有马鹿在不停地叫，我尝试着慢慢接近它们。我靠近了，但两头雄鹿似乎并不在乎我的存在，还在激烈地争斗。在昏暗的光线中，我模模糊糊地看到它们矫健的身影，听到坚硬的角猛烈相撞的“咔咔”声。不一会儿，争斗告一段落，它们发出的喘气声渐渐消失了。9 点多了，周边马鹿的嚎叫声逐渐消失，也许它们要休息了。

繁星密布的夜空随着我的移动时隐时现。天上的星星变换着位置，时间一个小时接着一个小时地流逝。我坐在房前的木头上，看着天空中闪亮的小星星，回顾着今天的所见所闻。这一次的考察使我感到，会变换的移动大森林是如此赏心悦目、充满魅力、充满奥秘，总有一些想象不到的事情发生。

02. 森林湿地延伸的角落

长白山温带森林中有各种类型的湿地，如河流沼泽、湖泊沼泽、泥炭藓沼泽和泥炭沼泽等。其中，发育在火山灰上，不经过低位阶段而直接发育高位的泥炭藓沼泽在我国极为罕见。迄今发现的唯一较完整的披盖式泥炭沼泽分布在温带森林中。

◎泥炭沼泽

长白山下沉积带地势平坦，因排水系统被火山沉积物堵塞，到处是浅水湖泊，为泥炭的形成提供了完美的环境。我在森林中的调查工作，几乎每次都要面对森林沼泽地的困扰。尤其是雨季的森林，塔头甸里充满了积水，蹚水前行非常困难，如果要避开森林沼泽地，就要绕很长的路，而且有时这是不可能的，因为湿地沿低洼的沟谷分布很长。面对这种情况，我只能极力利用一些浸入水里的桦树、灌木，在湿地草丛和树木之间寻找干燥的落脚点。沼泽对于步行来说，一直是人与自然交流的障碍，但好在森林沼泽不是特别危险。

从长白山火山口的天池向北延伸到二道白河，向西到三角龙湾，向东到双目峰的任何地方我都涉足过。而给我留下深刻印象的是奶头山北侧的沼泽地。1987年夏季，我考察了这片广阔的森林湿地。这片在森林中形成的湖泊和沼泽镶嵌的湿地，生长着耐水的落叶树，一堆一堆的灌木，从远处看，形状有点

◎森林湿地

像圆屋顶。当我到达地势较高的顶端时，视线终于开阔了，我可以看到沼泽向四面八方延伸，十多公里的桦树勾勒出沼泽的边缘，靠近森林边缘的是挺拔笔直的落叶松。

这里的海拔在600~750米之间，虽然不高，但湿地边缘生长着宽叶杜香、细叶杜香、长白杜鹃、甸杜、笃斯越橘、越橘和蓝靛果忍冬等。宽阔的池塘边长满了灯芯草、芦苇、野蔷薇和野玫瑰。地面上长满了苔藓，潮湿而柔软。泥沼水藓草和地衣等为这里增加了丰富的色彩，的确让人兴奋。我环顾四周，发现除了我留下的痕迹外，看不到其他人踏进这里的痕迹，我为自己在这片美丽的湿地上留下了脚印而感到内疚。

这片沼泽地也不是完全无路可走，我在沼泽地里寻找

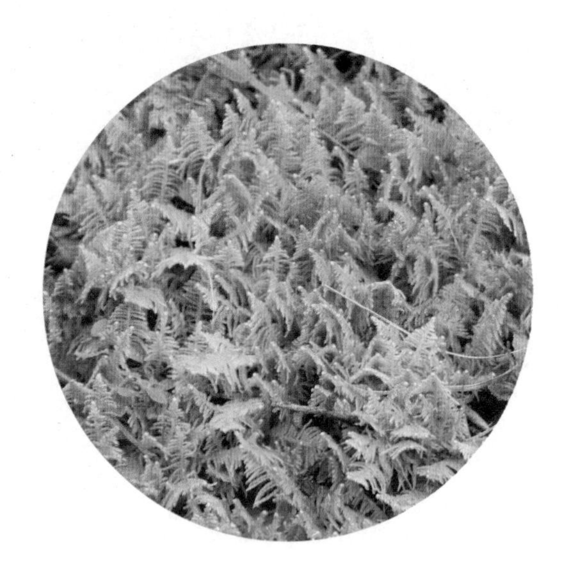

◎水藓草

合适的地方，一步一步前行。两旁一丛丛灌木长得很好的地方，出现了蜿蜒狭窄的小路。这条小路是人们采集越橘、割草或采集野菜形成的，是人类创造的打扰到这里的道路。

我沿着这条小路，轻易地进入了湿地的中心地带，这里开阔得可以望到尽头。我看到一只鹊鹞，飞得不高，有时在草丛上面翩翩起舞，有时消失在草丛中，有时飞向远处。在湿地的小型湖泊中，我很幸运地看到水蛭、龙虱、蜘蛛、蜻蜓、青蛙和草鹬，还有蚱蜢、蝴蝶。湿地的食物链看上去又短又简单，但其实应当是很复杂的，只不过我们还没有充分了解。这里除了鹊鹞之外，很少有其他捕食者。偶尔会看

◎鹊鹞

到一只盘旋的红隼或一只沉默的猫头鹰在沼泽的边缘地带活动。

狍子和野兔是适应湿地生活的大型动物。在湿地中比较干燥的地方可以看到狍子经常出没的路径，草丛间能寻到兔子四处游荡的痕迹，而狗獾则在沼泽地边缘最干燥的地方挖洞穴。

幸运的是，我见到了沼泽地因水位过高而流向森林低谷的冲积切面，通过冲积切面可以清晰地看到密集的黑色泥炭到顶部开放的植物纤维材料的变化，在最底部还可以看到巨大的根状结构，甚至是灌木和树木。这是沼泽泥炭想通过剖面让人回想起它的形成过程。

时隔 30 年，我再次来到这片湿地，它的面貌已发生了巨大变化，最为显著的变化是许多地方有大量白桦树等侵入了湿地中心。不幸的是，像这样的沼泽现在长白山已经很少了。人工引流湿地水导致大片湿地减少——湿地上部的水源地修建道路，切割了水系，导致湿地大面积消失。多年来，人们对湿地的生物资源产生了极大兴趣，采摘越橘浆果的时候随意践踏湿地。在沼泽地中，每年都可以看到无数人在这里采集水藓草的痕迹，这些行为正在慢慢地啃食沼泽的中心地带。到目前为止，森林湿地里生长的泥炭藓几乎全部被人们收割走，湿地的很大部分变成了干枯的草丛。

长白山湿地正在以惊人的速度消失，它们通

◎采集的水藓草

常是由于人们的贪婪和过度的资源利用而被摧毁的。我们有责任向人们宣传湿地的重要性。所有类型的沼泽，都是非常神奇和珍贵的自然资源。

03. 我与一片森林结缘

在长白山国家级自然保护区，距离二道白河镇区约 2 公里的二道白河河岸边的森林，是我经常光顾的地方。因为在沿河不足 3 公里的范围内，包含了白桦次生林、针阔叶混交林和针叶林三种植被类型，河岸零星地分布着悬崖和石头堆景观，林间小路旁还有丰富的池塘。复杂而多样的环境使得梅花鹿、马鹿、狍子、黑熊、野猪、紫貂、黄喉貂、高山鼠兔、松鼠、花尾榛鸡、岩栖蝮等许多动物在这里栖息。因此这里是观察动物的理想之地，20 年前我已经在这片林地规划了动物观测点，根据不同的栖息地类型和不同动物的活动情况，设了 12 个观察点，还有定期观察鸟类的调查样线，样线长 3 千米。

◎隐蔽帐篷

在这片森林中，我大部分时间都依偎在大树下隐蔽起来，有时躲在帆布做的伪装帐篷里，静静地观察动物。多数动物逐渐适应了我的存在，越来越多的生物出现在我的周围。见到动物们很自然地从事着它们自己的活动时，我感到我成了一个不被动物注意的观察者。

◎黑啄木鸟

一年四季，我只要有空就来到这里观察兽类、鸟类、两栖爬行动物、树木、花草、真菌等。春天，森林里充满了生命的气息。走进这片森林，你可以听到远处黑啄木鸟凿洞的声音，听到几十种鸟类发出的不同音律的鸣叫声，听到地面上流动的鼠类脚步声，听到高山鼠兔、花鼠迎接春天的叫声，还有只在春天才能感受到的温柔暖风。

春天的确是观察动物的最好季节，每当来到这里，我的注意力就会被自然吸引，以至于经常被蜱虫叮咬。蜱虫是蛛形纲的一种，长白山森林里分布的种类为悬沟蜱。它在长白山森林里非常常见，喜欢栖息于森林边缘的灌木丛或河岸的柳树丛中，埋伏在树叶上。当合适的寄主经过时，它们以惊人的速度从树的高处滑降下来，落到温血动物身上。雄性的体型很小，只能吸很少的血；雌性的身长约6毫米，它会将尖尖的口器深埋在寄主体内，开始吸血。“盛宴”需要很长一段时间，也就是说，蜱虫可能会在寄主身上待上几天。吸血时，蜱虫的身体不断膨胀，体重可能会增加很多倍。蜱虫膨胀的身体内孕育着许多卵，经过几天的孵化，红色小蜱虫便破壁而出。新生的小蜱虫离开母体，随风飘向树上。

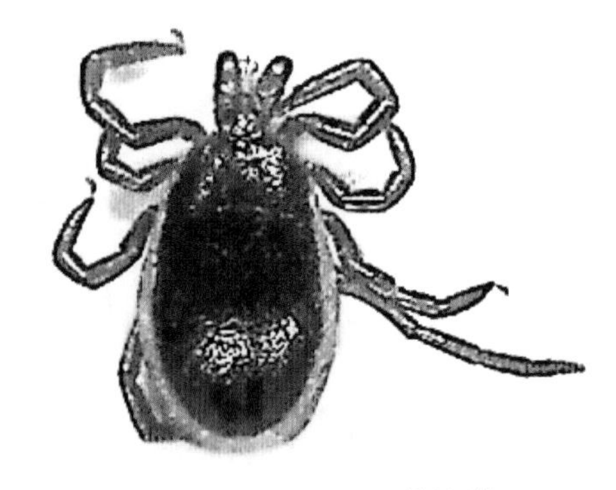

◎悬沟蜱

蜱虫的数量与寄主动物的丰富程度密切相关，我的观察地因动物不计其数，所以这里蜱虫较多。因此，我经常被蜱虫叮咬也是无法回避的事情。被蜱虫叮咬时，我几乎没有什么感觉，这是因为蜱虫为了防止寄主注意到叮咬带来的疼痛或不适，会分泌一种物质，可以起到局部麻痹的作用。被蜱虫叮咬后，除非感染得非常严重，否则通常不会使人感到严重不适。但约万分之一的蜱虫可能携带疾病，最严重的是森林脑炎，可致人死亡。

在白桦林中，一只花尾榛鸡正在桦树上觅食树芽，我用哨子模仿花尾榛鸡的鸣叫声，引起了它的注意，它一边吃树芽一边回应我的哨声。我可以模仿雄性和雌性花尾榛鸡的叫法，也可以模仿雄性之间不为人知的细声细语。我发出的细声细语使雄鸟反应非常强烈，它从不远处直接飞到我头顶的大树枝上，嘴里咕噜着一连串细语，一步一步慢慢移动，而后停下脚步，扬起头，缩着脖子张着嘴鸣叫。我一边回应着它，一边近距离观察它。它在我的头上翘起尾巴排泄的白色液体，差一点落在我的身上。我想，这可能是鸟儿的应急反应吧。

正在我观察花尾榛鸡对我这个冒充同类的入侵者的反应时，身边一只普通䴓的惊叫引起了我的注意。在前方一棵斜挂在另一棵树的倒木上，我隐约看到了紫貂的身影。原来，我和花尾榛鸡的“对话”吸引了附近的紫貂，它悄无声息地靠近了我们。我正期待着看到紫貂捕食猎物的场景，但花尾榛鸡也发现了危险来临，迅速逃离了。的确，在森林里观察紫貂捕食的过程是一项颇有难度的挑战。紫貂是最为伶俐且具有高超捕杀技能的“杀手”，松鼠、东北兔、花尾榛鸡以及森林鼠类都是它的猎物。

◎我用哨子模仿花尾榛鸡的鸣叫声，引起了它的注意，它不停地回应着我

◎花尾榛鸡飞翔的姿态

◎花尾榛鸡常常伸直脖子，观察四周，提防来自周围的威胁

模仿动物的叫声，可以引诱许多动物。有一次，我用自制的哨子呼唤花尾榛鸡的时候，一只长尾林鸮从背后伏击了我。在我吹哨后静听有没有花尾榛鸡的应答声时，突然发现在我前方的地上出现了一只鸟的影子。我抬头仰望的时候，长尾林鸮已经在我的头上方 1 米左右的高度。它的飞行是无声的，很快便飞到树冠上部消失了。在我观察花尾榛鸡的时候，发出的鸣叫声还曾引来雀鹰、普通鵟、黄喉貂等捕食者。

在自然中观察动物，任何声音都是非常重要的。我在森林里做统计时，偶遇一只紫貂正要捕食刚出生不久的狍子幼崽，这可不是随便

◎三宝鸟

就能碰到的场景。

那是 2022 年 6 月 12 日，天气并不晴朗，给人的感觉是可能要有一场小雨。森林里听不到太多鸟类的歌声，因为大多数鸟类都在忙于孵卵或喂雏，只有晚一些产卵或产第二窝的鸟在尽情鸣叫。我见到两只正在求爱的雀鹰在高空盘旋，几只三宝鸟围着一棵高大的枯立木，互相争夺营巢的树洞。

我这次的考察重点是野猪和鹿科动物，寻找它们的卧迹、啃食痕迹、足迹、拱地痕迹及它们的粪便。来到二道白河边不远处的小河沟冲积的泥地时，我看到地面上有熊的足迹，便蹲下来测量足印的大小。从足印看，这头黑熊个头不大，年龄在两三岁，附近有近几天黑熊扒掉臭冷杉树皮的痕迹。我很好奇，熊为什么要扒树皮，而且扒下的树皮还不吃？我正准备对这棵树布放红外相机时，不远处传来非常奇怪的、很像人用桦树皮制作的哨子发出的声音。声音持续了 1 分钟左右，我觉得不像人发出的，而是动物求救时很急促而凄凉的像小孩子般的叫声。我本能地拿起相机，直奔那个方向走了 20 多米，在倒木附近，我发现有一只动物正在移动。我首先看到的是紫貂的身影，从倒木上向前去，我看到了一只小狍子正在泥水中站着，头朝向我，身体在不停地颤抖。我立即对准小狍子拍照。不一会儿，我身后传来大狍子跑动的声音，那是母狍子听到幼崽的呼唤正从较远的地方奔过来。但它没有接近幼崽，看到我在附近，它后退到远处，隐蔽了起来。

◎我的到来让紫貂躲避了，只有一只小狍子在泥水中站着，头朝向我，身体还在颤抖

我拍了照片和视频，当我又往前靠近的时候，小狍子本能地跪在地上，小脑袋紧贴到前腿上，一动不动地看着我。我的镜头慢慢地对准了紫貂隐蔽的地方，在密枝的小缝隙中，

◎当我接近小狍子的时候，它本能地跪在地上，小脑袋紧贴到前腿上，一动不动地看着我

我看到紫貂还在那里窥视着。我按动快门的举动使紫貂抬起头，站起来看了片刻，然后离开了。

◎紫貂在隐蔽处一直窥视着我们

小狍子还在那里趴着，我想它可能被紫貂咬伤了。我慢慢地靠近它，可是小狍子从跪地的状态猛地起身奔向我，从我脚边跑过去,跳得很远。它似乎知道母狍子在那里，叫了两声，几个跳跃便很快消失在了密林中。

◎紫貂在捕食或寻找猎物的时候，常常站立起来窥视

这是一次捕食者和猎物以及我在大自然中的巧遇，发生的故事也是自然的一部分。捕食者和我从不同的角度在思考同一件事：前者认为猎物理所当然应归自己；后者认为自己拯救了一条生命。但其实这并不准确，也许那只紫貂需要猎食这只狍子来抚育自己的孩子。捕食者和猎物之间的关系，是值得观察的生态命题。

◎白腹蓝鹟的惊叫声给附近鸟类传递了危险信号，也引起了我的注意，我拍摄到了这只豹猫

在森林中，鸟类的惊叫可能代表着有危险要发生。那是6月的一天，我正在河边的隐蔽棚里静静地等待，等待中华秋沙鸭的出现。河岸边黄喉鹀、白腹蓝鹟和褐河乌正忙着抚养雏鸟，只有一些柳莺还在树上高歌。突然，对岸的白腹蓝鹟惊叫起来，冲着低矮的灌木丛飞去。我的视线跟随那只鸟移动，发现山坡树林中有个细长的影子正顺坡下来。我开始以为是条很大的蛇，当我把相机对准那里，仔细一看，原来是身上布满斑点的豹猫。它顺坡下来，走到一根被河水冲下来的倒木上。豹猫在倒木上没有停留，低着头漫步到倒木的尽头，爬上坡地，消失在密林中。

◎松鼠是人们非常熟悉的动物，它还有一个特别形象的俗称，叫“灰狗子”

◎觅食的时候，松鼠并不在乎人类的靠近

在森林中，观察动物时需要特别留意从森林里发出的各种声音，因为声音的背后总会有故事。我长期进行野外观察的经验是不要错过动物发出的声音。有一次，我在森林里听到一只小老鼠啃食树皮的沙沙声，虽然声音不大，但细听起来很有节奏感。我静静地注视着那只小老鼠，突然，一只不大的黄鼬从小老鼠后面匍匐接近。然而，小老鼠也够机敏，一溜烟儿钻进了树洞里。

松鼠是为数不多的在白天活动的哺乳动物之一。我常常通过松鼠觅食坚果或种子时发出的清晰的啃咬声，找到正在觅食的松鼠。觅食的时候，松鼠并不在乎你的靠近。这使我有充分的时间进行观察和拍照。但松鼠也有“安全”边界，过于接近它就会逃离，换个位置继续咬开核桃楸的种子。

通过模仿和利用各种声音等经验手段接近野生动物，了解动物的生态习性，用影像记录野生动物的风采，是非常有意思的事情。我正在尝试有关森林动物的习惯化训练方面的研究。从野生动物资源合理利用的角度来看，人们应在不伤害动物的前提下，经常性地接近动物、训练动物，使它们习惯人类、接近人类，适应人类提供的各种设施、食物和活动空间，从而创建动物和人类和谐共处的、集生态观察与生态旅游于一体的体验空间。

我经常带朋友来长白山，告诉他们我最喜欢的风景，告诉他们在哪里可以见到高山鼠兔、马鹿、狍子、野猪、极北鲵、黑熊、紫貂、水獭、松鼠，告诉他们这些动物经常在什么时间出现等。这里是我最喜欢的地方之一，这里距离我居住的地方不远，我可以随时来到这里，而最主要的理由是这里非常宁静。

04. 老鹰的猎技

有一只普通鵟在蓝天和飘浮不定的白云间不停地盘旋着，好像锁定了地面上的目标。我很喜欢看自由自在地翱翔于蓝天的猎手们，它们那轻盈、优美、敏捷的动作，给人一种特别的享受。

我期待着能看到猎手们捕食猎物的场景。总会有一些个体落到猎手的爪子上，这是捕食者和被捕食者之间的生存故事。普通鵟生活在开阔的草地、崎岖的田野、多岩石的悬崖峭壁以及沼泽地生境中，它们几乎遍布陆地和林地中。它们通常在开阔的地方狩猎，宽阔的翅膀和尾巴赋予了它们飞翔的力量。人们可以看到它们在空中盘旋。它们经常飞得很高，常常借助风的力量滑翔，翅膀一动不动。它们也常常在高空中发出“bi-ao，bi-ao”的叫声，引得人们仰望天空。

◎普通鵟

野鸡和普通鵟都喜欢在开阔的田野中生活。野鸡是普通鵟的美食，普通鵟常常出没在野鸡喜欢活动的田埂附近，落在树上，或在电线杆上，静静地等候那些粗心大意的野鸡出现在它的猎捕范围。

我看到在蓝天不停地盘旋的那只普通鵟，缓慢地降落在农田边一棵杨树上。我站在距它几百米的地方，用望远镜观察它。普通鵟直立着，可是头总是低下看着地面。几分钟后，它将头向下一低，尾巴上仰，做出俯冲的姿势，一跃扑向地面。它贴着地面疾飞，几次急速调整方向，不一会儿就收起了翅膀，在地面移动了几步，然后抬起头环顾四周。

◎野鸡

◎普通鵟在天空翱翔

地面上的草很高，我没有看清它是否捕到了什么，但从它在那里停留的时间来看，它一定猎到了东西。我开始慢慢地靠近它。它很警觉，几次试图起飞，但都没有飞起。快要靠近的时候，我看到它的利爪下有一只雌性野鸡。它还是不放弃猎物，想要带着猎物飞走，但因猎物很大，它没能带着野鸡飞起来。它重新用爪勾住野鸡，在地面上拖了几米，最后放弃了野鸡，飞到了树上。

普通鵟施展了它的本领，整个猎捕过程充满了控制的技巧。野鸡虽然飞行能力不强，但它们有绝好的逃脱能力。它们的活动区域一般都有能够隐蔽的草丛、灌木丛或农田收割后堆积的秸秆等，一旦受到鹰的攻击，它们就会很快躲进灌木丛或草丛里，化险为夷。野鸡很少到大片农田里觅食，或长时间停留在那里。它们很谨慎，基本在地头边缘地带寻找食物，并很快走进草地和灌木丛中。也许野鸡对静止不动的鹰反应迟钝，或从视觉上不易发现在那里等候的鹰。

◎一只普通鵟停在电线杆上

在农村，可能经常会看到老鹰在一个地方静静地、一动不动地待着。实际上，那是鹰在狩猎。它在高空侦察一番，发现猎物后，就会在猎物出现的地方耐心地等待机会。普通鵟和野鸡每天都在进行着猎杀和躲避的游戏，野鸡靠数量维系家族，普通鵟靠技巧维系生命。

每一个种类的鹰，捕食行为都不同。有的喜欢在空旷的环境下捕猎，有的在密林中捕猎，还有的在水中猎捕。几种小型的隼，如红隼、燕隼和灰背隼，常在居民区或开阔的草原、农田地里捕食鼠类、鸟类或飞行的昆虫。它们身体灵巧，飞行速度快，发现目标后就从高空飞速下降。个体较大的普通鵟选择捕食的猎物通常个体也较大，它们常蹲守在离地面不高的树上或电线杆上，一旦猎物出现在可捕猎的范围，便迅速扑过去。雕虽然在高空盘旋，但主要不是为了捕食，而是为了求偶。像雕这样的大型猛禽，擅长捕猎个体较大的猎物，如狍子、鹿、兔子等。它们可以飞得很高，在高空扫视地面寻找猎物。它们喜欢生活在辽阔的草地或高原荒漠，因为这样的地方可以施展开它们长长的翅膀。金雕也可以在森林中的疏林地捕猎松鼠、紫貂、兔子，它们在树上守株待兔。秃鹫是典型的食腐鸟类，它们不擅长主动猎捕，而是专门寻找动物尸体，所以，它们的嗅觉和视觉非常敏锐。中型鹰，如雀鹰、灰脸鵟鹰等，可以在密林深处活动，它们能在树间灵活飞行，追捕鸟类、鼠类、昆虫等，它们很少在空中盘旋，而是隐蔽在森林中，锁定目标后猎捕。

由此可见，每种鹰都有自己的本领和喜好，有不同的活动空间。作为食物链顶端的物种，它们的生态

◎灰脸鵟鹰

◎雀鹰

位清晰，在系统中发挥着自己的作用。

鹰是如何准确地捕猎的呢？实际上，鹰没有也不可能事先计算目标的运动轨迹，发现猎物后，它首先用锐利的眼睛估计一下它和猎物的大致距离与相对位置，然后选择一个大致的方向飞过去。在这个过程中，它的眼睛一直盯着猎物，不管猎物如何移动位置，鹰都会不断向大脑反馈自己跟猎物之间的距离。鹰通过翅膀随时改变飞行方向和速度，调整位置，使自己和猎物的差距越来越小，直到这个差距为零时，鹰的爪子就够着猎物了。

实际上，鹰捕猎时主要依靠眼睛、大脑和翅膀三部分。眼睛主要接收猎物的位置信息，并把它传递到大脑；大脑指挥着翅膀改变位置，使鹰向接近猎物的方向运动，这种控制多次进行，就构成了鹰抓捕猎物的连续动作。可以说，导弹和火箭的控制系统原理与鹰的控制系统很像。我们可以学鹰的做法——“做起来看”。我在研究工作中常常想到鹰带给我的启示。

◎生物灭鼠剂

鹰是对环境变化敏感的动物。为什么这么说呢？因为大多数鹰与人类的活动关系密切，如人类的灭鼠活动和农药的大量使用，使鹰的猎物受到农药的毒害，鹰因此间接地受到来自毒素的影响，目前鹰的数量变化证明了这一点。所以，各

◎森林中投放大量灭鼠药来灭鼠

个国家对鹰的保护问题都非常关注，我国也把所有的猛禽类列入国家重点保护野生动物名录。

05. 别样的大森林

森林中的树可谓千姿百态，更不用说受到风向和季节变换的影响所发生的种种变化。粗壮的大树分出许多枝干，优雅而富有气势的枝丫向着天空伸展。每棵树的枝丫分布是如此自然，枝间的空隙充满着物种之间对光的竞争与默契，塑造了层次分明的森林世界。

每当走进森林，总会感受到树木和绿草散发出的季节气息。林中的泥土、枯枝落叶、树冠、腐朽的倒木，都吸纳了充足的水分，悄无声息地参与着森林与大气之间的水循环，使周围环境保持湿润、舒适。

全球的针阔叶混交林主要分布于北纬 40° ~ 60° 之间的北半球。目前，地球上的针阔叶混交林分布在北美、欧洲和东亚三大片，它们互不相连，各有分布特色、气候特点和植被组成。

在北美洲的东北部，针阔叶混交林主要分布于五大湖区沿岸、圣劳伦斯河谷及加拿大的东南部沿海诸省。这个地区由于历史上曾被长期开发，所以大部分森林呈现出由杨树和松树组成的次生景观。

在欧洲，由于针阔叶混交林分布区域的气候比较温和，冬季不太冷，因此孕育出由欧洲云杉、冷杉、赤松、白栎、水青冈以及槭属、白蜡属和榆属等松树和栎树构成的针阔叶混交林。

在东亚，针阔叶混交林除了生长于我国东北地区东部以外，还分布在俄罗斯的远东地区、日本和朝鲜。

◎红松阔叶林

在我国，针阔叶混交林主要分布于东北地区东部的山地，南端以丹东至沈阳一线为界，北部延至黑龙江以南的小兴安岭山地，西部达东北平原，东部至长白山山地。东北地区东部的山地由于季节性地受到海洋气候的影响，气候温凉、湿润。在树种的组成上，针叶树中红松占明显的优势，其次为鱼鳞云杉、臭冷杉、杉松和落叶松；阔叶树种有蒙古栎、紫椴、春榆、千金榆、色木槭、水曲柳、核桃楸等。东亚的这片针阔叶混交林是最有特色的，不仅群落结构最复杂，而且拥有独特的阔叶红松林地带性植被。

从自然地理角度来说，温带针阔叶混交林处于我国东部湿润季风森林区，从地貌上可分为小兴安岭部分和长白山地部分。小兴安岭的地形变化较小，多为台地和丘陵，母质主要为砂砾岩、花岗岩和玄武岩的风化物。而在整个长白山地，山势起伏较大，除了由于水流作用形成的一般山地地貌外，还有着广泛发育的熔岩地貌。由于原始熔岩地貌的差异，以及新构造运动和河流切割的作用，山地多呈鸡爪形沟谷的地貌形态。

长白山是我国针阔叶混交林地带最高的山峰，海拔对于温度和降水量的影响在这里表现得尤为显著，总的趋势是随着海拔的升高，温度逐渐降低，而降水量则不断增加。长白山的顶峰是温度最低、降水量最多的地方，其降水量随海拔的变化与我国其他山地有所不同。温带针阔叶混交林地带最有代表性的土壤是暗棕壤，这种土壤肥力较高，具有较高的生产力。

针阔叶混交林带的植被构成是极其复杂的，主要由红松林、长白落叶松林、云冷杉林、水曲柳林、核桃楸林、春榆林、蒙古栎林以及由典型的先锋树种组成的山杨林、白桦林等森林景观构成。针阔叶混交林带的乔木、灌木和草本植物繁多，而苔藓地衣贫乏。针阔叶混交林的植被分为乔木层、下木层、草本层，植被层的充分发育是植被组成复杂的表现之一。在空旷一些的林地，狗枣猕猴桃、软枣猕猴桃、山葡萄、五味子等藤本植物攀附在大树上，形成茂密的看起来好似南方热带森林的景象——藤本植物的繁盛本来是热带森林的特点。这一现象表明，我国东北地区东部在历史上曾经有过潮湿的亚热带气候，后来受海洋影响，夏季温湿作用使这些植物种类得以保存下来。

温带针阔叶混交林地带复杂的地形地貌、多变的气候、丰富的水量等条件，为动植物提供了良好的生存环境，从而决定了这里动植物种类和数量的多样性。这里分布着约 2400 种植物，许多植物种类表

◎软枣猕猴桃

◎天女木兰

现出古老性和区域特有性。其中最有代表性的有人参、山荷叶、白山罂粟、长白松、长白落叶松、青楷槭、水曲柳、胡桃楸、长白柳、红松等。而红松为珍贵而古老的活化石树种，是温带森林的地带性树种。此外，还有大量典型的南方树种，如软枣猕猴桃、天女木兰以及孢子植物中的团扇蕨、孔雀藓等，增加了该区域的亚热带植物成分。

温带针阔叶混交林以红松和一些阔叶落叶树组成的阔叶红松林为主，同时具有一些南鄂霍次克和北极植被带的成分。这里分布着 25 种国家级保护植物，其中，红豆杉为国家一级保护植物；红松、山楂海棠、对开蕨、黄波椤树、长白松、朝鲜崖柏、草苁蓉等 24 种为国家二级保护植物。仅长白山就有长白松、长白柳、白山罂粟等 18 种特有的植物物种。

◎白山罂粟是长白山的特有物种

温带针阔叶混交林区域的动物区系属于古北界东北区的长白山地亚区，还有一些古北界华北区及一些世界广布种。因生境的多样化，这里除了广布的松鼠、雪兔、貂熊、东北鼠兔、高山鼠兔等西伯利亚种类外，还有小飞鼠、跳鼠、狐狸、狼等北方物种。

温带针阔叶混交林地带是东北虎、东北豹、紫貂、梅花鹿、白肩雕、金雕、丹顶鹤、中华秋沙鸭、黑鹳、东方白鹳、黑琴鸡、马鹿、原麝、长尾斑羚、黑熊、棕熊、花尾榛鸡及各种鸮类和鹰类等珍稀动物生存繁衍的家园。例如，珍稀濒危的中华秋沙鸭，主要繁殖在针阔叶混交林的森林溪流中；石川哲罗鱼、鸭绿江茴鱼等特有鱼种仅分布于鸭绿江流域。丰富的森林溪流和湿地，养育着极北鲵、爪鲵、水鼩鼱、大

◎极北鲵

鸲鹟、小缺齿鼹等许多栖息于温带森林的稀有种。

温带针阔叶混交林地带的主要水系为松花江、鸭绿江、图们江、嫩江、牡丹江等，大小湖区和库区星罗棋布，栖息着大量游禽和涉禽。松花江可以说是我国温带森林中最大的水系，从长白山发源地不断往下延伸，汇集了周边很多河流，最后流入大海。这个水系涉及东北广袤的大地，冲积形成了东北三江平原。以松花江为代表的河流，勾连起周边区域人民的生活和文化面貌。松花江水系形成和发展的历史悠久，充满了关于人类文化、历史等跟水有着密切关系的故事。

温带森林中，有国家级自然保护区 50 多处，其中长白山国家级自然保护区的历史较长，也是温带具有代表性的森林生态系统与野生动物保护类型的保护区，这里还有保护东北虎和东北豹的虎豹国家公园。这些重要的保护区对维持温带森林生态系统的稳定性发挥着重要的作用。

走进针阔叶混交林，可以领略大自然的壮丽景色。春季，伴随雪花绽

◎松花江上游

◎美丽的森林

放的早春花卉植物、杜鹃花等漫山遍野。不同时节，林下变换着花的颜色。无数争奇斗艳的花一直盛放到秋天。冬天，白雪覆盖的森林大地上，四季常青的红松和云冷杉等常绿针叶树在阔叶树的陪伴下显得格外醒目。温带针阔叶混交林的色彩非常丰富，这丰富的色彩来自四季分明的气候，来自南北交融的树种，来自层次分明的组合。这里迷人的景色和湿润的空气，养育着无数的生命。

06. 来自北极的岳桦

岳桦在高山树木线上环绕，它那一身白色的树干、棕褐色的枝条和弯曲的姿态，给人一种美的视觉体验。尤其在秋季的头一场霜降后，如果从高空俯视，会见到一圈金黄色的环，镶嵌在红色的苔原带和绿色的针叶林带之间。

◎岳桦林带

◎杜鹃群落

岳桦金色的叶子只是短暂地存在，一旦风雪来临，它的叶子就随着风雨凋落了，飘落到地上，留下岳桦那坚硬而弯曲的树干和光秃秃的细枝在风的力量下摆动。地表上的草本植物大多已枯死，唯独牛皮杜鹃和小越橘灌木叶绿挺拔。秋天结束了，这片林地上没有了蝴蝶、蚂蚱，鸟也很少光顾，只能听到在石堆中生活的高山鼠兔的啼鸣声，但常常被大风淹没。此刻，能感受到的只有大自然的声音，感受树木、草和动物对自然规律的适应和理解。

岳桦属于桦木科桦木属，与人们熟悉的白桦是同一属的乔木。岳桦是典型的北极圈内的寒带植物，在我国东北的小兴安岭、张广才岭和长白山可以见到它们的身影。在我国境内，面积最大的岳桦林就在长白山，构成我国温带针阔叶混交林地带森林垂直分布的上限，是亚高山矮曲落叶阔叶林带的代表性类型。长白山上的岳桦林，是地球上岳桦林在温带地区唯一的分布。

岳桦分布的海拔，随着纬度的向北推移而逐渐下降。例如，在长白山可分布到海拔 2000 多米，在小兴安岭南坡的分布海拔为 1050 米，在俄罗斯锡霍特阿林中部则为海拔 900 米，再往北则下降到海拔 450 米。

◎岳桦

◎匍匐状生长的岳桦

岳桦是生长在海拔最高位置的树木。在土壤条件较好、风力不大的生境中散生的岳桦树干一般直立，侧枝繁茂，树冠郁闭。但在长白山岳桦生长的地方，长年刮着强烈的西北风，在大风和雪的物理作用下，岳桦树都向着一个方向贴近地面匍匐着，造就了多根系多主干的矮曲林。

高寒、风大的恶劣条件不适合很多树种生长，唯独岳桦在气候寒冷、多风、土壤发育不良、有机质含量少的山地生草森林土的条件下，沿着沟谷不断向高山冻原伸展，它们多以灌木型生长，靠无性繁殖，形成了环绕火山锥体的高山树木线。

岳桦的更新规律一直是有关学者关注的问题之一。岳桦林多为纯林单层结构，林下长年湿润，透光适量，导致林下植被茂密，草本覆盖率达 100%。这样的环境严重影响了种子与地面土壤的接触。虽然岳桦还有萌芽更新、匍匐更新以及数量极少的地面种子更新等更新方式，但其自然更新受到了一定的限制。

科学家经过多年的观察发现，岳桦的自然更新非常特殊——在老树干内部生根发芽，即在心腐的树干内部生根，根系经心腐部分伸入地下。这在植物界是很少见的。岳桦的老树干内部生根是一种独特的更新方式，老朽的树木恢复生机，枝叶再度繁茂，显示出“起死回生”的奇特景象，使其有足够的时间等待种子更新的机会（如地表状况的改变、倒木的形成等），从而使幼苗、幼树在数量上不断积累。在此过程中，木材分解释放的养分直接被自身吸收利用，大大简化了养分循环的途径，缩短了周转时间。这是岳桦的特殊形态发育特征，是对严酷生存条件的一种适应对策。对于因活地被物发达而导致林下更新不良的岳桦林来说，这是维持林分稳定性的一种特殊方式，可见岳桦林对环境条件的高度适应性。

还有一种方式是朽木桩更新。枯立木最后都会留下朽木桩，在老树木桩腐烂的过程中，养分高度富集，因此幼苗幼树在朽木桩上能够迅速生长，这是岳桦对不良更新条件的一种生态适应。

在岳桦林中，更多的更新方式是在倒木上更新。枯死腐烂的岳桦倒木是种子更新的主要场所，倒木使幼苗摆脱了高大茂密的草本植物及枯枝落叶的影响，光照、水分条件比较适宜，既有利于种子萌发，又能保证幼苗生长。所以，许多幼苗生长在布满苔藓的倒木上。

岳桦生长的地方，湿度很大。随着倒木的腐烂，首先占领倒木的是苔藓。厚厚的苔藓层可以保持适宜岳桦生长的水分条

◎岳桦树洞里生长的岳桦小苗

件，通过改善微生境条件实现种子更新。倒木上的岳桦更新是长白山高山地带的主要更新途径，有时是唯一的途径。

岳桦林处于高寒地带，少有竞争者，而且其自身具有很强的有性和无性繁殖能力，故能占领暗针叶林所不能占据的生境，成为稳定群丛的存在。有人认为，岳桦是先锋树种，在条件较好时，将被云冷杉林所代替，也可能扩大其优势，占据高山草甸。

围绕长白山主峰火山锥体的下部，岳桦树在海拔 1800~2100 米的区域形成了一个环带，所占面积约 10.7 平方千米。此环带山势陡峭、风大、气候寒冷。岳桦林带下木稀少，只有个别的蓝靛果、忍冬和兴安杜鹃等种类，草本层发达，常见种有大山尖菜、小叶章、星叶兔儿伞、苔草等，土壤为山地生草森林土，平均树高 12 米，平均胸径 20 厘米。在长白山海拔较低处的岳桦林混有少量的长白落叶松、云杉和臭冷杉等树种。

◎岳桦矮曲林

长白山的岳桦林是独特的景观，是高山冻原向针叶林过渡的纽带。岳桦林占据了长白山数百米的地带，那里生境条件恶劣，不利于一般树木的生长，只有岳桦能耐高山强烈的日照及较高的空气湿度，对土壤要求不高，耐瘠薄，且有萌芽性，能自基部分枝，成为一株多干的灌木型，对常年的风暴能适应，因此形成了一片独特的纯林。

长白山是松辽平原的重要屏障，而岳桦林是松辽平原三江源的第一道防线，发挥着重要的生态保护作用。岳桦生长在火山灰上，树下是繁茂的草本植物、根系发达的杜鹃和忍冬类灌木，这些植被把地表的土质牢牢地凝聚在一起，即便遇到倾盆大雨，也能把土壤环抱在自己的脚下。岳桦坚守在其他树木不能适应的高山上，起着保持水土的作用。

虽然岳桦生长得不高，林木稀疏，但是它对于保护高山地区的生物多样性具有不可替代的作用。长白山的岳桦林中，有丰富的动物和植物资源。岳桦林下有 40 多种植物，多为耐寒耐阴喜湿的植物，以牛皮杜鹃、星叶兔儿伞、小叶樟最多。夏季岳桦林中有繁茂的草和凉爽的气温，是有蹄类和熊类避暑的地方。稀疏的林地和开阔的草地有利于昆虫繁衍，使许多鸟类得以在这里繁殖后代。这里一年有一多半的时间积雪，岳桦林固着雪被，使啮齿类、鼩鼱类小动物，以及昆虫等都能安全地度过严寒。岳桦林独特的景观维持着生物多样性，而且是温带森林分布的唯一代表类型，由此就不难理解岳桦的生态学价值和保护意义了。

07. 松鼠的生活

松鼠是人们非常熟悉的动物，它还有一个特别形象的俗称——灰狗子。我们可以在城市公园或庭院、成片的树林中看到它们的身影。这或许与它们的食物需求和隐蔽场所有关，只要有食物和栖息的条件，它们就不惧怕人类，能够在人类居住的地方生活。

◎松鼠

松鼠既能在树上活动，又能在地上生活，活动空间很大，经常出没在针叶林或针阔叶混交林中，特别喜欢生活在有红松、云冷杉、樟子松、胡桃楸、蒙古栎和榛树的树林中。在矮木林、灌木杂木林或林缘，只要有种子树木存在，松鼠就会光顾。松鼠以植物性食物为主，主要食物为各种乔木和灌木的种子，也吃蘑菇、昆虫、蚁卵、鸟卵和雏鸟，有时也捕食树洞中刚产下的小型鼠类幼崽。在缺乏食物的情况下，亦吃阔叶树的嫩枝、针叶树的嫩芽。虽然松鼠的食物种类很丰富，但松鼠最偏爱的仍是红松的种子。

松鼠为昼行性活动的动物，在清晨或黄昏时段活动较多。大风、暴雨和严寒酷暑都会减少松鼠的活动时间。在冬季寒冷的气候条件下，松鼠有时会待在巢中几天不活动。松鼠通常是单个个体活动，发情期可见到它们集小群或成对活动。松鼠会用尿液和下颌腺的分泌物在树干和树枝上涂抹，标记自己的领地。到了秋季，它们在自己的领地中将坚果种子分散贮藏于地面下，将真菌贮藏于树枝上，等冬季食物缺乏的时候，开始吃储备的食物。

松鼠可以营巢生活，也可以居住在天然树洞和鸟巢里。松鼠的巢大部分营建在距地面8~16米的树枝上，靠近树干或者位于树枝分杈处，分为日间使用的休息巢和夜间使用的睡眠巢两种类型。巢通常呈球形，直径约30厘米，外层用细枝、松针和树叶筑成，内层覆以苔藓、树叶、松针、干草和树皮等柔软物。冬季，松鼠的巢内会形成一个微气候环境，温度能高出巢外20摄氏度以上，从而减少松鼠调节体温所消耗的能量。这是生活于温带地区的松鼠冬季的生存策略之一。

松鼠一年四季要建造两次巢。春季要建造用于产崽的巢，产崽巢多选择合适的树洞。在大片林子为杂木次生林、没有树洞的情况下，它们会选择在树枝上筑巢。随着生存经历的增加，松鼠也在改变着选择树洞的习惯，它们也意识到在树洞中休息或产崽的危险性，那就是来自紫貂、黄喉貂的袭击。于是它们开始选择在更高的树上，在可以避风、避雨、避雪的有着茂密枝叶的针叶树的发达侧枝上建造巢穴。

松鼠为什么将巢建在侧枝上，而不是建在紧贴树干的枝杈上呢？这里有松鼠绝妙的想法，是来自多年的经验。松鼠经受过各种动物的袭击，它们的基因里有了对这些恐惧的记忆，便一代代把这种记忆传递了下去。在侧枝上修建巢穴的好处是一旦有天敌接近，它们就可以感受到枝条颤颤悠悠地晃动，从而有机会从巢穴中逃离。

松鼠选择好营巢的位置后，就地在树干上寻找干枯的小枝条，一次次地用嘴叼着枝条来回搬运，在侧枝上有规律地铺垫基础巢垫，然后再寻找细一点的树枝或树皮铺垫第二层，接着在枯死的树干上一条一条地撕开长长的树皮，铺垫内壁和上部，最后用非常松软的树皮和细软的苔藓地衣装饰自己的卧室。建好的巢非常精致，像一座精细而考究的宫殿。巢的防水功能特别强大，既保暖又不透水。松鼠真是名副其实的超级建筑师。

巢的隐蔽性非常好。从树下往上看，巢看起来像是一个由枯枝堆积而成的树枝包，与周围的环境融为一体。这引起我的好奇：它们已经有了伪装的意识，还是无意识的行为？它们为了生存，变得更聪明。从人的角度理解是这样，从动物们的角度理解又是什么呢？

我经常看到松鼠的巢从树上掉落到地面的场景。这也许是它们的天敌破坏的，也许是松鼠转到其他地方安家而放弃了维护，也有些是沉重的雪压着巢，使年久的巢结构发生了变化而掉落下来。我从掉落的巢中看到了巢的结构，有的巢有两个卧室，有的仅有一个卧室，但大多数巢有多个出口，口径不大，也不紧密，能随时拨开，好像松鼠钻进去后，洞口会自动关闭似的。

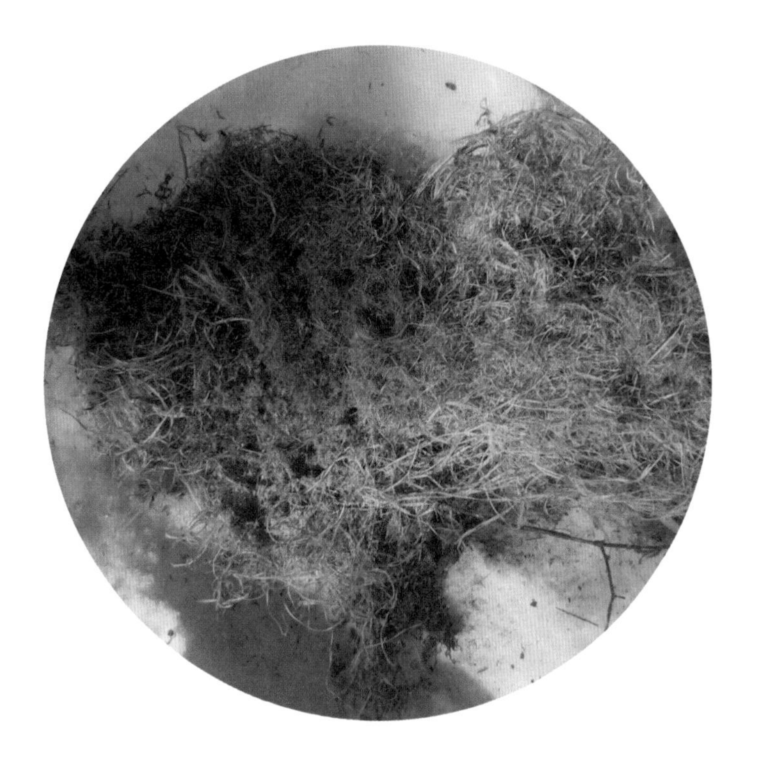

◎松软的巢材

松鼠的巢分为天然树洞巢和自己建筑的巢。天然树洞巢可以选择任何适合入住的树洞，公路边上、河边和树林中的树洞都是可以利用的巢。它们好像没有刻意要回避人的思维，只要住得舒服，而且有可以容纳幼崽的空间就是很好的家了。在树上搭建的巢，一般要选择枝条茂密的松树，多以云冷杉为主，这种树不仅隐蔽性好，还可以防雨防雪。一般巢距地面 10 米左右，或更高一些。

在一个春天的早晨，在我家附近栈道边一棵枯死的美人松上，一只松鼠在咬断干树枝后，拖着树枝跑到紧挨着的云杉树密集的树枝间。我看到云杉枝条在晃动。不一会儿，松鼠又跑到枯死的树上，啃咬枝条，把一根很长的枝条拖到云杉树上。它的动作很快，往返搬运着巢材。后来它发现我在下面看它，便不再取材了，而是在那里整理巢材，有时树枝在摇晃，一会儿又停下来。这个位置就在我居住的楼房东侧，相距不到 20 米的靠河边的树上。由此看来，松鼠不怎么害怕人。冬天，在居住区的庭院和河边小道上，经常可以见到它们留下的足迹。后来我发现它们在这里安家的原因了。原来，河边和庭院绿化时植了一些核桃楸、蒙古栎树、云杉和美人松。核桃楸的果实、蒙古栎的种子和松树的种子是松鼠特别喜欢的食物。在红松种子歉收的年份，松鼠要选择这些树的种子为食，虽然美人松、云杉的种子特别小，但在食物匮乏的时候，它们也不放过。秋季，松鼠悄悄地在小路旁、庭院草地里和河边的树林里埋藏下核桃楸、蒙古栎等的种子。这是它们过冬的食物。

经过一个冬季，松鼠耗尽了自己的粮仓，春天到来时，它们便悄无声息地离开这里，去有食物的地方，找合适的地方产崽去了。也许离开这里还有一个原因，那就是这里有一只讨厌的野猫，它总是追逐松鼠，尤其是对巢中的幼崽构成了威胁。春天，野猫到处游荡，寻找能吃的猎物。它吃鸟蛋，捕杀鸟类和鼠类。这里

◎松鼠在搬运巢材

本来有许多鸟在小树上筑巢，产下卵并抚育小鸟。可是自从野猫活动频繁后，好多鸟都不在这里繁殖了。这只野猫实际上是被人抛弃的家猫，它在野外慢慢学会生存，成为真正的猎手，影响着这里的动物。

松鼠每年繁殖一次，春季交配，妊娠期约为38天。松鼠的婚配制度是一雄多雌制或混交制。它们交配前有求偶行为，通常优质雄性个体会拥有更多的交配机会。初生的雌松鼠通常在第二年开始生育。松鼠的生殖能力与体重密切相关，只有超过一定体重的雌性松鼠才具备生育能力，而且体重越大，能够生育的后代就越多。

到了天气暖和的时候，松鼠产下幼崽。刚出生的小松鼠是赤裸裸的，闭着眼睛，体重在20克左右。幼崽们刚出生就知道抢占有利于吸乳的位置。松鼠妈妈仰着身子，让幼崽爬到自己的腹部吃奶。幼崽们长得很快，几天后身上便长出毛，眼睛也睁开了。松鼠妈妈每次出去觅食的时候，总是把幼崽拢在一起，用细软的苔藓和树皮把它们盖住，就像一个平平的苔藓面，看不出有生命在下面隐藏着。雌松鼠单独哺育幼崽，雄松鼠根本不关心自己的后代，也从不在巢穴中出现。

松鼠妈妈非常辛苦，70多天的哺乳期，它一直精心照顾着自己的宝宝。如果育儿的巢有不速之客来干扰，感觉到危险的时候，松鼠妈妈会果断地把宝宝一个一个地叼到其他提前选好的隐蔽巢穴中。花鼠也是如此，危险来临时，会用嘴叼着幼崽，迅速转移到安全的地方。

08. 松鼠的粮仓

一只松鼠总是出现在我蹲守观察动物的地方，它给我的印象是很活跃，不停地奔跑，忽然又上了树，在树冠层借助树枝从一棵树跃到另一棵树上，非常迅速。它移动的时候，长长的尾巴向后伸展，和身体形成一条长长的线条。在树枝杈上停留的时候，才会晃动尾巴，或左右晃动，或立起尾巴向上摆动。

这只松鼠几乎每天都在这里转一圈儿，我观察发现，它似乎在检视自己埋藏食物的地方是否有其他个体活动。它不停地跑动，从一处到另一处，也许反复光顾这个地方是为了加深自己对埋藏点位的记忆吧。当它发现我在这里时，会发出“呼呼”的声音向我示威。“呼呼”声虽然不大，但很有捍卫自己领地的气概。

在森林里，遇见松鼠并观察松鼠，总会发生许多有趣的故事。秋天，有一次我在野外采集标本，来到河边休息时，我身边不远的地方有一棵大红松，从上面落下一个很大的红松球果，扑通一声落在地面。我把这个球果捡回来，刚坐下，就听到树干上有个东西爬下来。那是只个头很大的身体乌黑的松鼠，到了地面后，转圈儿寻找着什么。啊，这原来是松鼠采摘的球果。它在地面快速寻找了一圈儿后，又爬上那棵树，不一会儿从树上又落下了一个球果。我很好奇，也觉得很有意思。我又把球果捡了回来，然后等待它的表现。果然，它还是在地面寻找，这次比上次多转了几圈儿，还是没有找到。这次它站立起来看着我，看了几眼，还发出“呼呼”的叫声，然后又爬上了那棵树，又是一个球果落地。它几乎和球果一起到达地面，但是我抢先拿到了球果。它下来的时候，看到我拿走球果，似乎要抢我手里的红松球果，但最后它后退了。它很生气，转来转去地试图寻找一番。它的表情和内心的愤怒我无法形容，但我体会到了它的不满。发泄一通后，它离开了，但它不再爬那棵树采摘球果了。同样的故事我还经历过几次。有一次见到松鼠从树冠上摘下一个球果后，抱着球果从高处跳下来。球果和松鼠几乎同时落地。这样的情景并不罕见，一般下面有人或野猪的时候，它们会采取这种方法，以保证自己拿到球果。

通过这次经历，我发现松鼠每次爬上去后只摘一个球果。我曾好奇它为什么一次不采摘多个球果，这可能有它的理由。事后，我很后悔，我应该给松鼠留一个球果，满足它的需求，这样我还可以多观察、欣赏它绝妙地剥离球果鳞片的过程。

松鼠很会选择球果。它们在球果种子没有成熟前不会采集，等到种子成熟了才开始动手，然后就可以在众多球果中挑选最成熟、饱满的球果。它们爬上树顶采摘一个球果，落地后球果很快被剥下鳞片，剩下果心和种子，它们用嘴叼着离开原地，去储存食物的地方。在倒木或石头上，它们把红松种粒从球果中抠出来，塞到嘴里，再用口水搅拌一下，直到两腮塞得满满的。它们的两腮一次可以塞进 50 多个种粒。到了食物储存点，它在合适的地方，用纤细的前脚扒个小坑，同时吐出五六粒种子置于小坑中，并迅速用树叶埋起来，再跳到另一处，重复着同样的动作。它们就这样不停地在各个角落埋藏食物。储藏完食物后，它们会返回采集球果的地方，再次塞满腮帮，再换个地方埋种子。

◎松鼠叼球果

秋天，种子丰收的时候，松鼠会抓紧时间储备冬天的食物。它们似乎不在乎埋藏多少，只是勤奋地从红松的树冠或地面上寻找红松种子，把它们带到很远的地方。累了或饿了，它们就捧个球果蹲在树上或地上吃。有一次我在树下休息，看到树上有东西在掉落，一会儿是鳞片，一会儿是种子皮，哗啦哗啦落地，同时也听到“咔吧咔吧”嗑皮的声音。我小心翼翼地察看，一只松鼠发现我在树下后很快爬上更高的位置，躲在树的背面，隐蔽起来，不时露个头看我，见我还在下面，它索性离开了，顺着树枝跳到另一棵树上，消失在茂密的树林中。

松鼠的粮仓里储存的食物不仅有红松种子，还有较大的蒙古栎种子和核桃楸种子。它们很会处理种子，如蒙古栎种子，它们在储存的时候会把种子的外皮剥掉，把种子的芽也掰掉。这样做的目的是不让

◎松鼠储存的紫椴种子

◎松鼠在树杈间储存的核桃楸种子

种子发芽。松鼠把剥了皮的栎树种子堆积在倒木下面或枯枝落叶层下面，通常是二三十粒蒙古栎种子堆放在一起。像核桃楸这样的坚果，每个储存点放一个，有时也存放在树洞里。松鼠还可以在树干裂纹的树皮间储存食物……

松鼠有时在一个地方住好长时间，有时搬来搬去，这要看它们选择的地点食物多不多。松鼠知道哪里的果实丰收、哪里的果实歉收，因此会提早搬家，或者到柞树林，或者到松树林，再不就到长着榛子的阔叶林。松鼠成天到处跑，即使刮风下雨，也要从洞里钻出来，在树上乱窜。可以说，它们一刻也不能安静，直到天黑时才会卷起身子，把尾巴贴到脑袋上休息。天一亮，松鼠就爬起来，似乎对它们来说，运动就像水、食物和空气一样必不可少。

◎在树上活动的松鼠

在冬季来临之前，松鼠个体要在 1 平方千米左右的领地范围内，到处建立小粮仓。我们通过对冬季松鼠取食穴分布的调查发现，松鼠在埋藏种子的时候，对埋藏点的生境没有明显的选择性，基本是在活动区域内比较均匀地埋下种子。在种子丰收的年份，它们的食物埋藏区域很大；反之则小。松鼠和星鸦喜欢在林间运材小道或曾被机械破坏过地表的地段以及次生林中大量埋藏种子，这种环境中红松更新苗较其他草本或灌木分布得更密集。

冬天，松鼠会非常准确地找到大部分小粮仓的埋藏地点，利用小粮仓里的食物度过严寒。如果储存的种子过多吃不完，或粮仓的主人被捕食者吃掉，埋藏的种子到了第二年春暖花开的时候，就会获得发芽的机会。

松鼠年储存红松种子的量是多少？这些种子能被带到多远的地方？我们在 10 个地区对松鼠进行了定期跟踪观测，研究松鼠活动区域和相对种子埋藏量及传播距离的关系。研究结果表明，每只松鼠可储存种子 18 千克左右，其储存食物的面积约 1~2 平方千米。由此可见，松鼠储存种子的行为对丰富土壤种子库有着重要的作用。通过对纯阔叶林中距红松母树不等距离取样调查发现，红松更新幼树距母树的最长距离为 800 米左右，出现率最高的范围集中在 200 米以内。由此可见，松鼠扩散种子的距离可达 1000 米左右。

松鼠妈妈抚育的家庭成员长大了，便纷纷离开自己的家、自己的母亲，各自去合适的地方安家。不过它们不会走太远，还会在妈妈的附近，有时候还能相见。但是，到了秋季要储备越冬食物的时候，它们各自便有了固定的活动区域，忙碌着储存食物。一年内的松鼠幼体和它们的妈妈比较起来，还是小一些。

通常一个松鼠个体可以在 1~2 平方千米的范围建立自己的粮仓。

它们互相不掺和在一起，界限分明。我在研究松鼠的时候，一直在思考一个问题：它们是几个兄弟一起在一个地方储存食物呢，还是各自储存自己的食物呢？光靠动物足迹和实体来判断是不可能的。多年来，我在松鼠储存食物的季节，几乎没有见到两个或更多个体同时出现在我的视线里。从这一点来看，我觉得松鼠是各自建立自己的粮仓。

为了证明这个结论，每当在野外看到松鼠活动的地方我都要进行标记，记录位点的地理坐标。更重要的是，我要在森林中找到松鼠的死亡个体，对被紫貂或黄喉貂捕杀的松鼠位点进行标记。然后，我隔几天便来到这里，看看有没有其他松鼠个体活动的足迹，还要看看这里有没有新的松鼠取食穴。这个方法很有效，经过几次观察我发现，有一些松鼠活动的足迹偶尔出现，但这里不再出现新的松鼠取食穴。我又在几个地方进行了松鼠死亡后的后期观察，结果都是不再有松鼠的食穴出现。这个结果非常有意思，它间接地告诉我们，不同个体的松鼠之间，储存食物是独立的，取食也是在自己的区域内进行，它们之间在食物利用上界线非常明确，不会出现偷窃食物的现象。那么，问题又来了：它们是因为讲道德而不盗窃呢，还是因找不到储存点位或其他原因呢？目前，还无法解答这个问题，可能需要借助分子生物学技术来探明。我一直觉得每个个体的口腔分泌液的气味不同，或松鼠用于标记的尿液或体味不同，它们只识别自己标记的特殊气味，别的个体储存的食物可能无法通过嗅觉探出来。这是非常有意思并值得探索的科学问题。

09. 食 客

在松鼠活动的地方，总会有一种鸟出现，那就是松鸦。松鸦是杂食性的鸟，很有头脑，能看透松鼠的一举一动，会偷食松鼠的食物。它会在松鼠埋置完种子离开后飞过去，在那里寻找松鼠埋藏的食物。

许多啮齿类动物都有储存食物的习性，如大多数老鼠和河狸。我记得小时候，秋天收割完农作物后，我和小伙伴们便一起来到农田地里，寻找老鼠洞。只要作物成熟了，田野上的老鼠就开始搬运粮食。它们喜欢储存黄豆，地上那些从熟透了的豆荚里弹出的豆粒，或农民收割时没捡净的谷粒，它们都要捡回来，储存到自己的洞窟中，供自己度过冬天。

我带着一把小锹和一个布袋子，在田埂边的草丛或灌木丛中寻找老鼠洞。洞口很多，想要找到有储存粮食的洞口不是容易的事情。老鼠洞的口越光滑，说明老鼠出入越频繁，也许是搬运粮食的次数多了，导致洞口光滑。其实不是这样的，有的洞口确实很光滑，可是洞内没有粮食。经过几次挖掘，我才知道老鼠很聪明，它拥有几个洞穴，这些洞穴实际上都通向它的粮仓和休息的地方，但是通向粮仓的路径是曲折多变的。

我开始没有经验，每次看到洞口很光滑，就深深地挖下去，但都没有见到粮食。后来有经验的人让我用细细的柳树枝条插进洞里，然后顺着枝条往下挖，当挖到柳树枝条末端的时候，再把柳树枝条继续往下放进去，再顺着柳树枝条挖。等到柳树枝条再也顺不下去了，也就到了老鼠的粮仓。用这种方法，我果然挖到了老鼠的粮仓。

我首次挖到粮食的鼠洞中都是黄豆，足足有五斤左右。洞内的粮仓很大，从地面到储存室的垂直深度约有 80 厘米，洞内的通道拐了几个弯，长度超过 2 米。挖过几次后，我不再需要使用柳树枝条来探路了，挖的时候只要关注老鼠的地下通道就可以了，也就是顺着通道走向，一点一点地挖，最后会到达老鼠洞里最隐蔽的地方。挖得多了，我就掌握了一些规律，比如，哪个洞口前老鼠挖出来的土多，那个洞储存的粮食就多。而且我发现多数老鼠会选择比较高的地方挖洞。这也许是老鼠考虑到春季雪水倒灌而做出的选择，而且洞道是多条的，当有危险或水流入的时候，它能够用土堵住粮仓和休息的道口，防止自然灾害和不速之客光顾。

自然界中有许多动物享受着储存粮食的动物所给的福利。比如花鼠，每年秋季忙碌着搬运粮食，储存到洞穴中。花鼠的繁殖力很强，一次可以产下 3~5 只幼崽，幼崽长大后离开妈妈，在广阔的森林里寻找合适的地盘，开始独立生活。它们几乎很少自己挖掘洞穴，主要利用树根部或石头堆缝隙等自然洞穴，或枯死的立木根腐烂形成的地下洞道。每个花鼠个体都有自己的过冬粮仓。

花鼠储存的果实，多是红松种子、榛子、蒙古栎种子和真菌类。红松种子是首选。它从红松球果中挑出种子，然后用前爪捧着种子，用嘴剥开种仁，再把种仁的外皮剥开，接着塞进嘴里，直到塞满腮帮，跑到洞里存放。整个秋季，花鼠都在不停地存储食物。

花鼠忙碌了一个秋季，储备了过冬的食物。气温骤降后，它就在洞穴中享清福了。它安心地守着身边的各种食物进入睡梦中。睡醒了，它就吃点可口的美食，活动活动身体，伸伸腰，接着再睡。有的时候，会有一些大家伙打扰它的睡眠。野猪的嗅觉特别灵敏，两个鼻孔不时地扩展着，搜索着枯枝落叶和土层覆盖的地下可以吃的食物。野猪可以嗅到很深土层下的食物，然后用强有力的嘴巴掘开土层。

一头大野猪在森林小沟谷平坦的脊背上拱地，拱到小斜坡的烂树根边。它拱到了一个小土洞口，闻到了松子特有的香味。野猪明白，这是从花鼠的粮仓里散发出来的。野猪开始用嘴掘开冻僵的表土层，然后碰到了地下纵横交错的树根，用嘴和长长的獠牙弄断树根后，顺着洞道一个劲儿地挖掘，直至到达粮仓。野猪会把粮食吃掉，有时也把在洞穴里冬眠的花鼠吃掉。

◎被野猪破坏的花鼠的粮仓

我在森林里经常见到大土坑，很深，边上有很多土。有的土坑深达1米左右。在长白山，挖鼠类粮仓的动物很多，熊类和狗獾也会挖掘动物粮仓，享受美味。熊的挖掘能力很强，它那强壮的前爪挖起土来非常轻巧，不管是小石块还是树根，都不是问题，几下就会被清理掉。特别是初冬雪覆大地、食物不充足的时候，熊更不会放过花鼠的粮仓。

◎熊掘开倒木觅食野蜂蜜

◎熊挖掘的花鼠粮仓

松鼠到处埋藏种子，建立土壤种子库。地面上到处是零散的种子，野猪本来就是靠不断拱地寻找可以吃的食物，它只要随便一拱，也许就能闻到地下这些种子的味道。野猪是松鼠粮仓的主要食客，它翻掘地表的举动也引来不少食客。松鸦喜欢在野猪翻动过的土上捡食各种植物种子、昆虫、蛹和卵等。尤其是雪被很厚的时候，松鸦跟随着野猪群寻找可口的食物。如果有人接近或其他捕食者靠近野猪，松鸦会发出奇怪的声音，向野猪报警，野猪听到松鸦的叫声，很快警惕起来，非常迅速地逃离。

◎野猪拱过的地面

冬天雪很厚的时候，许多山雀、啄木鸟、花尾榛鸡甚至鼬科动物和鼠类，也会利用野猪开掘出来的场地觅食。它们在土堆里、腐烂的枝条里、枯叶上，细心地寻找食物。

森林中有许多粮仓，如野蜂储存的蜜，有的在地下，有的在树洞里；小老鼠也把剩余的食物储存在洞穴里；还有一些鸟，如星鸦，到处埋藏食物，个头小一点的鸟如普通䴓，会把种子塞到树缝里；鼠兔在石头的缝隙里堆满草，以备冬季食用。大多数个体小的动物都有储备食物的习性，因为它们到了冬季雪很厚的时候，没有足够的力量

◎鼠兔在石头下堆积的食物

在雪下寻找到食物，所以它们必须储备能度过寒冷季节的食物。森林地面看上去平平常常，实际上这里有许许多多动物在不同的角落埋藏了丰富的食物。集中了丰富粮仓的地方，吸引了许多食客来这里活动，而它们的活动又为这片森林增加了丰富的内容。

松鼠储存的食物为多种动物提供了冬季的食物，如其他啮齿类动物、松鸦和野猪等。松鼠不仅在夏季是食肉动物的美餐，而且因为不冬眠，在冬天它们几乎成为紫貂等食肉动物的主要食物源。我们研究发现，在红松种子因人为因素流失严重的地带，一般松鼠的数量较少，相应地，食肉动物也少；反之，在松鼠数量很多的区域，猛禽和紫貂的出现率也高。

许多较大的食肉动物，如猞猁、豹猫和熊，都能以小型啮齿目动物为食。虽然它们主要捕食大中型猎物，啮齿目动物只是它们的一种缓冲食物，但我们通过对长白山地区 50 个猞猁粪便样本进行分析发现，它们约 80% 的食物是啮齿目动物，其他为鸟类和坚果等植物类。

喜食红松种子的松鼠受到食肉动物的抑制，从而使消耗种子的动物数量维持在一定水平，使地面种子不至于全部被消耗，剩余的种子可进入更新过程。可见，松鼠数量的变化，对于红松自然更新、食肉动物、植食动物和阔叶红松林的稳定性具有重要的意义。

10. 有趣的实验

我在观察松鼠活动的时候，发现了松鼠埋藏的红松种子，有一些种子在地面上呈一簇萌生。这些被遗漏的种子有机会体验生命的历程。绿油油的小苗木长在地面上，让我想到地面上有那么多食客，怎么还有这么幸运的种子，有了生命开始的机会。

◎红松幼苗

我开始进行一个有趣的实验，来研究松鼠埋藏的种子没有完全被那些食客消耗掉的原因。实验是从模仿松鼠埋藏种子的行为开始的。我首先选择了食客相对多且活动频繁的地方，和一个食客相对少且活动少的地方，如没有红松、没有大种子乔木的白桦次生林。

我在实验的地方模拟松鼠埋藏种子的方法，在每个点放 5 粒种子，将其埋到距地表 3 厘米深的地方，且每个埋藏点边上用木棍标记，并挂上实验编号。我每隔 1 米布设一个点位，共布设 30 个埋藏点，每隔 5 天检查种子消失的情况。我发现，两个实验地的结果不一样：在食客相对少的地方，种子消失率较低，经过较长时间后种子才陆续消失；而在食客相对多的针阔叶混交林中，10 天内实验的种子全部被食客们吃掉了。这次的食客是棕背䶄和大林姬鼠。

◎棕背䶄

我在松鼠埋藏种子的地方，轻轻地把地面的枯枝落叶清除，找到松鼠的埋藏点，插上木条标记，在对一部分松鼠用口腔处理过的种子进行采集后，再进行埋藏实验。奇迹出现了。几天后甚至更长时间内，这些被口腔处理过的种子大部分还在原地，没有被食客们吃掉。这个实验让我发现了非常重要的线索，那就是经松鼠口腔处理过的种子，具有防盗食的功能。我想，松鼠的口腔分泌物中一定有什么玄机。

我在冬季不同雪被的条件下，观察了松鼠寻找埋藏种子的能力。我发现，松鼠寻找埋藏食物点的准确率超过 90%。11 月—12 月，我通过统计松鼠就地嗑开种仁后留下红松种子皮的食穴数，推算了松鼠埋藏的种子被鼠类消耗的比例，结果是 36%，远低于人工埋藏种子被鼠类消耗的比例（99%）。由此可以推断出，松鼠埋藏红松种子时，可能释放了某种分泌物来防止鼠类盗食，同时，通过分泌物能准确找到自己的储存点再取食。

看来，松鼠把种子塞进腮帮，用口腔分泌物搅拌处理，不单是留下自己的气味，更重要的是防止食物被盗食。为了寻找答案，我反复做实验，结果显示，松鼠通过口腔处理过的种子很少被老鼠吃掉。从这些实验我联想到，如果分析了松鼠口腔分泌物的成分，能否模拟松鼠的口腔分泌物处理红松种子，进行实地直接播种呢？这样不仅可以减少红松造林的成本，减少种子处理、幼苗培育和幼树移栽的繁重工作，还可以保持红松原本的基因基础。

自然界的神奇现象，给我们带来了无穷的想象和机会，我们可以借鉴动物的智慧，为生活带来更多活力和乐趣。到目前为止，关于松鼠的种子处理行为还没有得到很好的解释，这是值得探讨的科学奥秘。

11. 暴雪之后

那是一个特别寒冷的冬天，我约了三个朋友来到头道白河的二岔河边，准备在这里过夜，以便第二天可以起早在附近拍摄动物。我们选了河边比较平坦的地方，用几根木棍搭建起框架，然后蒙上几块白色塑料布，就算搭好了过夜的住所。尽管住所不大，但是由于天气特别寒冷，我们的手脚不是很灵活，用了整整一个下午才搭好。西边的太阳即将落下，我们要在天完全黑之前，准备好足够夜晚取暖用的烧柴。几个人忙了一个多钟头，堆积了一大堆干木头，都觉得足够烧的了。

晚餐吃得很晚，我们围坐在火堆旁，各自在火堆上烤面包和香肠。晚上气温很低，烤的面包一面煳了，另一面还是冰凉的，再翻过来烤另一面的时候，已经烤煳的一面又冰冻了。所以永远烤不好，只能烤得更糟糕。我们一边吃着烤煳了的食物，一边谈论第二天的计划。

这一天的确很冷，我们的木头烧到下半夜就不够了，我们只好在黑暗中寻找倒木。雪被还是亮的，可以看清倒木。周边的倒木已经用完了，我们得去较远的地方才能找到。在寻找倒木的时候，活动活动反而感觉不是很冷了。就这样不知不觉，天空开始亮了起来。这个清晨，寒气十足。早晨烧开了水，每个人泡了方便面吃。

我们踏上了寻找动物的路程，沿着一条小的人行道，走到一个小山坡。我看到一棵高大的杨树上有黑黑的东西，仔细看，是一只松鼠

◎河岸的水汽凝固成雪霜

在那里蹲着。这只松鼠一大早就起床觅食了。这一年红松歉收，它们的食物也不多。寒冷的冬天需要能量，它们也不顾寒冷，出来活动。也许是因为天气太冷，它把长而密实的尾巴卷到背部，温暖着身体，在树上一动不动地蹲着。我用望远镜观察它，可以看到它因寒冷而发抖的身体。它没有转动头部，但凸出的眼睛好像可以看到背后的我们。我们试图再靠近它的时候，它收起尾巴，站起来，竖起耳朵，原地转了一圈，然后顺着树枝跳到另一棵树上，一溜烟儿消失在我们的视线中。

出来不到一个小时，我们的脸上、眼睛上就布满了霜，呼出去的气很快凝固在空气中，脸部都冻僵了，说话很困难。树林里除了松鼠在早晨活动的足迹，没有野猪、狍子和鹿的活动迹象。野猪们都依偎在一起睡大觉，狍子、马鹿都蜷缩着身体卧在地面，接受地面产生的热度，等待着东方的太阳升起。我们以为早晨动物活动频繁，但事实上，在这样的天气下，它们大多数根本不活动。因此我们真实地感受到森林的寂静，连活泼好动的鸟儿们都像突然消失了一样，没有了鸣叫。

这一年的冬末，一场雪整整飘了两天。雪花在微风的吹拂下，慢悠悠、静悄悄地降落在大地上。带有湿气的雪，一层一层堆积在房屋上、岩石上、树上。厚厚的雪压弯了树枝，那些贪图空间伸展的庞大树冠，受不住雪的压力，断了树冠、树枝，有的则连根拔起倒在了地上，还有一些心腐空心的树木，从半腰折断了。这里的景象，就像经历过一

◎被大雪压弯的小松树

场龙卷风的洗劫。

地面上覆盖着厚厚的雪，有的地方雪深超过了半米，许多倒木被淹没了，只能看到它的轮廓。突如其来的变化，让很多动物感到恐慌，它们不敢在这样的环境里出来兜风。皑皑的白雪，覆盖了动物们往日留下的足印。森林里的各种鸟，渴望着野猪、马鹿等给它们清理出一片土地，好觅食在土表的虫子和裸露在地面的草籽。大雪没有影响啄木鸟，它们依然施展着独特的技能，在枯立木上寻找食物。在寂静的森林里，它们用强有力的嘴敲打着树干，啄木的声音显得格外响亮。马鹿、野猪和狍子在雪深的情况下，就地在附近艰难地觅食；小型鼠类照旧发挥它们的优势，在雪被下穿行自如；紫貂和黄喉貂轻盈的步伐也可以应付雪深的环境。各种动物都有着惊人的应对自然环境的能力。

可是，松鼠就不那样幸运了，厚厚的雪增加了它们取食的难度。我有意要观察在如此极端的环境下松鼠是否能够正常觅食。这一年我正在研究野生动物与种子资源的关系的课题，

◎冬天的森林

重点研究松鼠生态学特征，研究涉及松鼠对红松种子的消耗和传播领域，也特别关心松鼠的粮仓和松鼠再取食的问题，以及它是如何标记自己的食物储存点的，在雪被很厚的情况下，是否也能准确地找到食物储存点等一系列问题。我选择了海拔较高的针叶林和海拔较低的针阔叶混交林两个不同的点做比较。针叶林的雪深在 60~80 厘米，我在河边的一个坡地上发现了松鼠的足迹，顺着足迹没走多远，便看见了一个雪坑。这是松鼠挖掘的食穴，深 60 多厘米，雪面挖有宽约 30 厘米的洞口，越往下越窄。松鼠是从侧面挖，斜着挖到食物埋藏的位置。它从食物储存点取出红松种子，在地面就地嗑开种子皮，吃掉种仁。这个穴上共有种皮 8 瓣。松鼠可以准确地将一个种皮嗑成两瓣，这说

◎松鼠在深雪中寻找自己储存的食物

明它吃掉了 4 粒种子。在相隔不远处，有几个松鼠的食穴，说明它们都是在 60 厘米以上深的雪中觅食的。虽然雪很厚，但是它们的每个食穴中都有几个种子皮。我很好奇，如此环境下松鼠是如何准确地找到自己埋藏的食物的。但是到目前我还没有得到很好的解释。

冬天的寒冷逐渐被温暖的气流给淡化了，但温暖的气流不能一下子把寒气冲走。冬天和春天交接的时刻，在大气环流的变化中，时刻发生着激烈的冷热交替。这个节点是最容易出现极端气候的，有可能出现极端低温、雨雪交加的天气，产生忽冷忽热的变化，而这些极端的气候变化对动物来说是一场灾难。

这一次，厚厚的雪在回暖的气流作用下，慢慢地融化。白天，太阳照射使结构稳定的雪改变了原来的结构，变成颗粒状的结晶体，颗粒之间的缝隙里流淌着融化了的水，放大了就像冰山上的小溪，没有声音但很壮观。夜晚，气温下降，缝隙里流淌的水凝固了，晶体状颗粒和水紧密地结成了坚硬的冰块。

春天即将到来，地上的雪变成了一层冰，冰面下是没有完全结冰的酥松的雪。有蹄类动物最怕这样的雪被——它们的足蹄承受着身体的重量，踩在这样的冰雪面会陷进去，表面坚硬的冰层会割破它们的腿——它们在这样的环境下很难走动。这个季节尤其对鹿类构成危险，来自捕食者的攻击，有猞猁、熊、虎豹，甚至个头不大的食肉动物如黄喉貂，也会利用这个时节捕杀个头较大的鹿。

这个季节对于松鼠来说更是天大的不幸，因为雪被上

◎在深雪中艰难挪动的狍子

覆盖了一层冰层，它们的前爪那么纤细，无法掘开冰雪层来寻觅自己储存的粮食。如果低温持续很久的话，那将是灭顶之灾。

早晨，天气特别晴朗，过了几个小时，空气中充满了湿润的水汽，在长白山山顶出现了一片灰色的云，并逐渐多起来。云飘浮在空中，从四面八方向山顶聚集，慢慢地扩散到整个山、整个森林。正是午间，却没有了太阳光照，温暖的气氛中下着细细的颗粒状雨，这是雨夹雪，是冬季偶尔出现的气象。雨水湿透了前些日子下的雪，雪在慢慢地下沉。到了晚上，雨雪停止了，可是气温骤降，地面上吸饱了雨水的雪很快凝结成冰。

第二天来到森林里，我在冰面上走，有的地方可以撑得住我，有的地方一脚踏上去就会陷进去，走起来非常困难。我一步一步地在森林里寻找松鼠，走了很远也没有看到松鼠的足迹。就在我犹豫的时候，看到树上有个黑影一闪，啊，是一只在树干的树皮中寻找食物的松鼠，它头朝上围着树干在转动，不放过任何食物。

我在一处隐蔽着身体，细心地观察它。只见它从树上下到地面，在一片平坦的灌木丛

◎雪霜覆盖了整个森林

中寻找着什么。它在那里用前脚扒雪，可是掘不开冰雪层，尝试几次后就放弃了。在这里，我看到几个地方都有松鼠的扒痕，因冰雪层坚硬，它都没能得到食物。我们知道，啮齿类动物的代谢水平很高，个体小的动物代谢较个体大的动物更高。松鼠每天需要足够的能量来维持生命，因此要吃油脂高的食物，如红松种子和坚果类。在这样的极端环境下，它可以在短期内通过觅食树芽或树皮下的昆虫维持生命，但是如果时间长了，就会因营养不足而死亡。我在野外就见到过几只死亡的个体，它们的身上看不出有什么伤口和咬痕，但它们的确死在了原野，死在了它们精心储备食物的地方。

在这样的环境下，很多鼠类无法在地面活动，只能在倒木或石头的缝隙中出没。这给捕食鼠类的紫貂带来了困难，因为鼠类在倒木附近活动，一旦发现了紫貂，会很快钻进倒木下的缝隙或洞穴中。紫貂没有很好的方法捕捉它们，不像在开阔的雪面移动的老鼠，还可以有机会捕杀。这样一来，

◎沉重的积雪压弯树枝

◎有蹄类动物喜欢吃的冬青——槲寄生

紫貂就会盯上松鼠，而饥饿的松鼠却没有足够的力气逃避紫貂的追逐。

一场大暴雪，一个无常的天气，会产生一系列连锁反应。通过这一天的考察，我意外发现了一个有趣的现象：大雪压弯了很多树，折断了许多枝条，而这些被压弯的树枝，使马鹿和狍子很容易吃到落地的嫩枝。我见到一头野猪，沿人行道移动，蹚出了一条雪道。它在一棵椴树下面停下来，吃被雪折断的枝条。雪是给食草动物带来了新鲜的嫩枝，还有狍子喜欢吃的在树上半寄生的冬青，随着枝条一同掉落到地上。

12. 星鸦的智慧

一棵小红松幼苗带着种子外皮破土而出，出现在它们周围一条废弃多年的运输木材的小道边的坡上。在它附近一个腐烂的树桩上，我又见到绿汪汪的红松小幼苗，这是大概两年生的苗，只有一轮五片小针叶向四面伸展着。倒木上也有萌生的小树苗。方圆十多公里没有红松母树这是怎么回事呢？这些种子是如何离开母树来到这么远的地方的呢？

其实，红松种子的搬运者是可爱的动物们，主要是松鼠、星鸦和松鸦。这一天很幸运，我正在观察这些小幼苗的根部、叶片长度、更新苗生长环境及周边树木组成的时候，正好碰上了星鸦在一根折断的树干树皮下寻找着什么。原来，它怕自己储存的食物被其他动物盗食，于是叼起精心储存的种子，重新寻找它觉得安全的地方。它不厌其烦地挪来挪去，最后选择了更高一些的位置，把种子塞进树皮里。

◎星鸦

接着，另一只星鸦从远处飞过来，落在距离刚才那只星鸦储存食物的地方不远处的小树上。它向下看了片刻，落到了地面上，跳了几步，最后停在路边一个比较松软的小土包跟前。它用嘴掘了几下土，挖出一个浅坑，然后蠕动脖子，吐出嗉囊里的种子，埋到浅坑中，用嘴扒拉几下土就飞走了。我好奇地走到它储存种子的位置，轻轻地扒开土，想看看里面究竟埋了几颗种子。星鸦埋藏得不深，共有 12 粒红松种子。

在一个非常寒冷的冬天，我领着中央电视台纪录片组，在针叶林拍摄动物。我根据星鸦的生活习性，在走向森林的林间人行小道上选择了一个长满苔藓的大树桩，在距离树桩 20 米的地方等候星鸦的出现。也是运气好，一只星鸦落到树杈上，看着我们，没有飞走。它停留了片刻，从树上跳到树桩上，在树根部寻找了一圈，从一个腐烂的缝隙中取出一粒红松种子叼在嘴里，然后跳到树桩上面，头不断地歪斜着，眼睛明亮，左顾右盼晃了几次，把种子塞进树桩中心腐烂的空隙中，后又叼出来、放回去。重复几次后，它在嘴里来回变换着种子的位置，然后在树桩的一块卷起来的树皮上找到了它觉得理想的位置，把嘴里的种子藏了起来。它离开这个点，又飞去自己熟悉的储存过食物的另一棵倒木上。

这种行为我也见过几次，星鸦这种重新埋藏种子的行为让我感到迷惑。为什么要把种子移到另一个地方呢？也许是它感觉到这里不安全，毕竟它取食的时候我们就在跟前，它认为我们看到了它觅食，不安全，还是换个地方更安全些；或许是食物的储存时间长了，它留下的气味快被森林里的空气或水分稀释了，下一次饿的时候可能因不好找，所以把种子含在嘴里，再用口腔液体处理一下，增加自己的气味。

◎星鸦

星鸦是鸦科家族的成员，分布于中欧并向东延伸至亚洲，古北界北部、日本及中国台湾，喜马拉雅山脉至中国西南及中部，中国东北兴安岭、长白山脉、辽宁、河北、山东及河南都有星鸦。它们常见于针叶林中。在飞行中，圆形的翅膀和清晰的黑白相间的尾巴很容易辨认。

星鸦在 3 月底开始繁殖，通常在一棵枝杈茂密的树上，用树枝、苔藓、草和羽毛筑巢，巢建好后，产下 3~4 枚带有褐色斑点的蛋，孵化的重任主要由雌鸟承担。星鸦通常站在树冠高处高声鸣叫，发出“嘎——嘎——嘎——”的粗犷叫声，人们可以在 1 公里外听到它们的叫声。

星鸦的夏季食谱中，昆虫和浆果占很大比例。在秋冬季，它们吃各种各样的坚果，主要是松子。就像松鼠一样，星鸦也会储存大量食物，但它们不会把自己的食物集中埋起来，而是把坚果小堆地藏在树桩的裂缝里、枯死的树皮下面或地面上。它们会记住食物储藏的位置，在雪被覆盖的冬季，能非常准确地把食物找出来。它们通常不会把储存点的食物一次性吃完，而是留一些食物等到下次再取食。

星鸦与许多物种一样，随着红松子产量的变化，其种群的数量波动很大。经过一年成功的繁殖，星鸦的幼体迁入新的地区，它们会去远离繁殖地的有松林的地方。

13. 松鸦与野猪

在森林中，与星鸦结伴活动的鸦科鸟类还有松鸦，它们在鸦科家族中是最漂亮的一种。松鸦是常见的鸟类，分布在欧洲北部以及亚洲地区的落叶和针阔叶混交林地，涵盖古北界北部、日本及中国台湾，东北兴安岭、长白山脉、辽宁、河北、山东、河南等地。欧洲的松鸦和长白山的松鸦在体型和颜色上有细微的差别。

◎松鸦

松鸦是极其机警的鸟类，时刻警惕着危险。当人类或任何有潜在危险的动物出现时，松鸦立即发出刺耳的警报，警告其他森林鸟类或其他兽类。有一年冬天，我跟踪一个有 20 多头野猪的野猪群，观察它们的社群行为。野猪们只顾低头拱地寻找食物。我利用大树作为隐蔽物，从一棵树到另一棵树慢慢接近野猪，在距离它们不足 30 米的地方，正准备拍照时，松鸦发出了警报声。野猪们立即抬起头，迅速跑动起来，脚下掀起很高的雪雾。原来，松鸦也在跟踪野猪群，想在它们翻土的地方觅到露出地面的种子、昆虫等食物。特别是大雪覆盖地表的时候，松鸦靠自己的小嘴很难在深雪中找到食物，于是它们便巧借野猪的翻土能力，这样不出劳力就可以保证填饱肚子。这是二

◎取食中的野猪群

◎野猪拱地的痕迹

◎松鸦在野猪拱地的地方寻找食物

者在长期的生存之中建立的一种互惠关系——松鸦从野猪那里获得便利，同时充当野猪警卫的角色。

松鸦以植物和动物为食，包括各种坚果、浆果、植物嫩芽、小型哺乳动物和两栖动物，也食其他鸟类的卵和幼鸟，以及蜗牛、蠕虫、昆虫等动物性食物。在秋天，它们可能会贮藏坚果和橡子。松鸦不像星鸦那样偏爱红松种子，它们更偏爱种粒大一些的橡子。它们会把橡子储存到地面、树皮下或腐烂的倒木里。在寒冷的冬天，它们可以随时吃掉储存的食物。但它们有时会忘记储藏的位置，被遗漏的橡子会在第二年春天发芽生长。因此，松鸦也是森林更新的重要传播者。松鸦可以根据食物状况进行迁徙。当森林里缺少食物的时候，它们就小群地飞到田地里寻找食物，首选吃玉米。但松鸦不会飞得太远，只会飞到整个冬季雪被较浅的地方，那里是松鸦冬季的栖息地。

松鸦通常选择茂密的植被环境，用细枝、细根、苔藓或羽毛筑成一个相当大的巢。它们每年4月或5月初产卵，产下5~7枚略带绿色的灰色蛋，上面点缀着深褐色的斑纹。孵化期约为16天，雌雄松鸦共同承担孵化和喂养雏鸟的任务。雏鸟在20天内长成羽毛并离开巢，和它们的父母待在一起，直到秋天。松鸦的叫声多样，有时会模仿鹰隼叫声，如“bi-ao，bi-ao”，通常发出粗哑的“嘎——嘎——”声。

14. 大嘴乌鸦的故事

大嘴乌鸦是非常聪明的鸟，它虽然披着一身漆黑的羽毛，但在阳光的照射下能发出紫色光泽。它的叫声并不好听，不受人类的喜欢。但这不妨碍它是出色的鸟。它似乎能够理解人类的一举一动，似乎比其他动物有更高超的推理和判断能力。

有一年夏天，我们在苔原带调查，走了一段就到了午饭时间。我们坐在平板大石头上，打开饭盒用餐。不知什么时候，十多只大

◎大嘴乌鸦

◎苔原带中的大嘴乌鸦能清理人类丢弃的垃圾

嘴乌鸦飞到了我们附近，在地面上蹦跳。它们之间互相驱赶，争斗得还挺激烈。它们一点都不怕我们，有时靠得很近，目的是要吃一口我们剩余的饭菜。一开始，乌鸦根本没有跟着我们，可是到了我们的饭点，它们就出现了。这说明它们知道人类的活动规律。更有意思的是，我们吃完饭后就地躺着休息，它们便察看我们是否闭眼了。当我们闭眼的时候，它们就慢慢靠近，当我们睁眼看时，它们就很快离开，和我们保持一定距离。其他鸟类可没有这种智慧。

在高山上，大嘴乌鸦能够清理人们丢弃的食物垃圾。在长白山路线开通初期，人们环保意识不强，一般自带食物，大家在地面铺上塑料布或报纸，围一圈儿，盘腿坐下，吃各种食物，如大葱蘸大酱、烤鸡烤鸭、火腿肠、鱼干等，之后将一堆垃圾丢弃在原野。人离开后，一群乌鸦打先锋，大快朵颐，最后地面只剩纸张、塑料袋等垃圾。

有的时候，我听到乌鸦叫个没完，叫声真的很难听，我用猎枪一比画，它就很快飞走了；但如果我举起木棍瞄准它，它一点恐惧的反应都没有，照样在那里停留或鸣叫；如果换成真枪，它们就很快逃离。它们能够分辨真枪和木棍，这太神奇了。我试过许多其他鸟类，它们都没有这种判断能力。

乌鸦与人类接触的机会最多，就食物而言，人能接受的食物，乌鸦也能食用。乌鸦能吃粮食、肉类、鱼类，咸的、辣的、甜的各种食品，而其他许多鸟类对人类的食物并不感兴趣。乌鸦很会与人类打交道，如旅游季节，它们会迁移到游人活动多的地方寻找食物；到了旅游淡季，它们就迁到人类居住区，到垃圾堆里寻找食物。它们活动非常有规律，早晨七八点钟成群飞向垃圾场，填饱肚子后，在天黑之前飞回森林里过夜。每天都是如此。

在森林中，乌鸦对死亡的动物尸体非常敏感。如果在林中听到乌鸦叫，基本可以推测附近有动物的尸体。乌鸦是靠什么发现密林中的死亡动物的，这个问题还很难解释。

◎大嘴乌鸦是群居性鸟类

乌鸦可以和鹰对决，也不屈服于猛禽。我看到过乌鸦和老鹰的大战，有时鹰扑向乌鸦，有时乌鸦追赶鹰，几个回合后，一般各自散去。通常，对打的时候，乌鸦会发出叫声，这样附近的乌鸦就会很快过来参战，几只乌鸦协同攻击鹰，鹰很快就会逃离战斗。乌鸦还有一些本领，比如它们可以像猎捕者一样狩猎。我曾见到乌鸦追杀花尾榛鸡。乌鸦很会选择机会——花尾榛鸡被一天的雨水浇透了身体，乌鸦看到这个机会就开始猛追，

◎大嘴乌鸦在道路上取食被车辆撞死的动物尸体

不放过这个因湿透了羽毛而飞翔力下降的个体。

还有，乌鸦会在道路上寻找被车撞死的动物。它们会避开行驶的车，小心翼翼地在路上觅食。我从 2007 年开始关注道路上动物致死的问题，至今没有见到过乌鸦被车撞死。

乌鸦具有高超的学习、模仿和判断能力，可以说是充满灵气和智慧的鸟。乌鸦是伴随人类历史的发展而不断进化的鸟类。

15. 竞争的代价

我每次见到普通䴓就会想起曾经目睹的那一幕，至今回想起来仍觉得非常不可思议。鸟类给我们的印象是非常温和、富有灵气的动物，可是我却看到了它们残酷的一面。春天，我拿着相机在森林中寻找拍摄对象，来到针阔叶混交林时已经下午 4 点多了，天空有些浑浊，不够晴朗。我听到普通䴓在树上唱着非常动听的情歌。我努力靠近准备拍照，正在对焦的时候，从另一侧飞来一只普通䴓，直接扑向那只正在欢唱的鸟。它们从树的上部开始厮打起来，边打边下落，最后一起掉落到地面上，身体仍相互缠绕扭打着。此时，它们没有发出叫声，我可以清晰地听到它们翅膀相互碰撞的声音。

◎普通䴓

◎普通鸸在争斗

地面上灌丛和干草较高，遮挡了我的视线，我急忙调整位置。只见它们用尖锐的嘴（喙）互啄，同时用双脚相互蹬踏。开始时它们的力量不分上下，交战几个来回，那场面很激烈。过了约两分钟，有一方表现得力不从心了，被另一方用双脚压在了身下，脸部被不断地啄着，特别是眼睛。被压在底下的那只鸟逐渐失去了反抗能力，浑身发抖，接着两腿伸直，一动不动了。可是占了上风的普通鸸并没有停止，还在继续啄着。不一会儿，它停止了啄的动作，双脚搭在那只鸟的翅膀上，高高抬起头，然后低下头端详着躺在地上的鸟。它可能觉得已经战胜了对手，也可能感觉到对手已经没有了生命迹象，便非常从容地飞到它占有的领地，在那里唱起动听的歌。

它们的争斗就这样结束了，我不知道是入侵者胜利了还是领地占有者胜利了。我来到它们的战场，仔细地检查了那只死去的普通䴓。我触摸它的身体时，它还是热的，但心脏停止了跳动。它的两只眼睛被啄破，脸上的羽毛被啄掉了许多，身体皮下有很深的被爪子抓破的伤口。实际上，这场悲剧是可以避免的，只要我前去把它们赶开就可以了。但是，我不想干扰自然界动物之间的事，而且我也没有想到鸟的同类之间会发生这么惨烈的事情。

普通䴓是一种色彩艳丽的森林鸟，长约130毫米，上背面蓝灰色，下腹面棕黄色，在我国有几个亚种分布。它们的主要区别在于腹部的颜色，除此之外都很相似。它们生活在成熟的落叶林、针阔

◎普通䴓像杂技演员一样在树干和树枝上跳上跳下

叶混交林和针叶林地，以各种坚果和昆虫为食。它们会把不易咬碎的坚果塞进树皮的缝隙中，固定住食物后，用强有力的喙反复敲打。它们像杂技演员一样在树干和树枝上跳上跳下，却无需像啄木鸟那样用尾巴来支撑。它们主要在树干里寻找虫子，用尖细的喙从树皮中叼出隐藏的幼虫或成虫。

普通鳾通常选择由啄木鸟啄好的树洞或树上自然形成的小洞营巢，如果洞口过大，就用泥土封住洞口，这样其他大一些的洞巢鸟就进不去了。普通鳾经常在人类活动的场所觅食，冬季有时会进入伐木场或住宅区。它们比较大胆，不惧怕人类，加之特有的蓝色身体，故有“蓝大胆”之称。

自从目睹普通鳾相互残杀的情景，我每每在森林里见到它们的时候，总会不自觉地回忆起那段场景。由此我意识到，不管是兽类、鸟类还是其他动物，都有本能地维护和捍卫自己利益的残酷一面。

不久前，在我家门口的道路上，我看到了北红尾鸲之间的一场生死战。在我家西侧房头堆积烧柴的地方，两只北红尾鸲在飞行中厮打在一起，正好落在我家房前的自行车棚下。它们的厮杀一刻也没有停止，整个过程类似于普通鳾的厮杀，结果也是一样，有一只丧失了生命。但是，北红尾鸲做出了具有戏剧性的、不可思议的行为——两只雄鸟争斗的时候，一只雌鸟就在附近的自行车车把上站着，近距离观看它们争斗，不时地上下摆动着尾巴。在战斗快要结束的时候，它飞走了。那只战胜的雄鸟对已经伸直了腿的那只鸟反复啄了几次，然后向着雌鸟飞走的方向飞去。

我感觉北红尾鸲的争斗时间比普通鳾要长，比普通鳾更为惨烈和残酷。我近距离录制了整个过程，从镜头里看到躺在地上的那只鸟，身体慢慢地停止了颤动。没过多久，飞走的那只雄鸟又飞回来，

◎北红尾鸲

◎北红尾鸲争斗的场面

飞到死去的雄鸟身边，但没有再啄，只是用爪子拨动一下，把头靠近它的脸部看了看，似乎是要重新核实一下竞争对手是否已死亡。不一会儿，雌鸟飞了过来，短暂停留后又飞走了，雄鸟也紧跟着雌鸟飞走了。

北红尾鸲是居民区较为常见的鸟类，单独或成对活动，繁殖期有强烈的占区行为，若有其他红尾鸲进入巢区，会立刻飞去驱赶。繁殖期，北红尾鸲的歌声清脆而婉转，在高高的房顶不停地鸣叫。我几乎每天都可以见到它的身影，但是脑海中总是浮现出它凶残的一面，给我留下难以忘怀的记忆。

◎地上躺着的这只鸟，身体慢慢地停止了颤动

在自然界，相互残杀是普遍现象。普通鸸、北红尾鸲的战争属于争夺领域与配偶的行为。我观察到的普通鸸、北红尾鸲的战争是雄性鸟之间的争斗，也就是领域占有者和同类入侵者之间的厮杀。那么，究竟谁是获胜者呢？这个问题难以下结论，因为两种鸟的雄鸟长得一模一样，很难区分哪个是入侵者、哪个是领域占有者。我认为二者都有获胜的可能，

◎胜者返回战场核实竞争对手是否已死亡

这取决于每个个体的强壮程度和能否把握制胜的机会。从生态学研究来看，一般来说，多数领域占有者会在与同类入侵者的竞争中获胜，理由是领域占有者的竞争力强，拥有的资源多，同时拥有强烈的占有领域的欲望。

我在森林中观察动物足迹时，了解了一些鼬科动物领域行为的特性。冬季，长白山原始林下覆盖着厚厚的积雪，雪被上的一串串新鲜足迹一目了然。我曾在平缓的森林中跟踪一只紫貂的足迹，发现紫貂每走一段距离后便在倒木上、突出的岩石上或雪被上留下尿迹或粪便，这样它活动的区域便不再出现其他同类个体的活动足迹。虽然黄喉貂、黄鼬和紫貂都在这个区域活动，但很少见到这三者同时出现。有时会看到有些足迹相互交叉，但不会停留，都是一走而过。实际上，这是鼬科动物通过气味、分泌物、排泄物等标记来传递领域被占领的信息。

除了通过各种标记方式保护自己的领域外，动物所采取的极端方式还有直接威胁或攻击，以驱赶入侵者。这种方式会发生激烈的争斗，甚至造成严重的伤害。例如，水獭缺乏食物的时候，常常咬死食物竞争者水貂，有时也捕杀鸳鸯、中华秋沙鸭等水鸟。紫貂虽然是个聪明的杀手，但它的天敌也有不少，如猞猁、豹猫、金雕、雕鸮、黄喉貂和蛇等。这些天敌主要对紫貂的幼崽构成威胁，其中黄喉貂既是食物竞争对手，也是猎杀紫貂的第一号杀手。

16. 悄无声息的猫头鹰

大多数猫头鹰白天都会潜伏在森林里，不细心观察的话，很难见到它们。夜晚降临时，它们就像森林里的幽灵，在黑夜中无声地进行着猎捕。人们要想观察它们，最好的方法是夜间在森林里静静等候，聆听它们的歌声。可是，想听听它们的歌声是件不容易的事情，有时等了很久也没有听到它们的声音。它们的确是悄无声息的夜猫子。

春天，黄昏和夜晚可以听到猫头鹰从森林、林缘或居民区的一片树林中传出的歌声。如红角鸮不知疲倦地通夜鸣叫，叫声似“王干哥——王干哥——”，鸣声洪亮，通常可传出一两公里；领角鸮鸣声低沉，发出“布、布、布、布”的单音，常连续重复四五次；长耳鸮不断重复“呼——呼——”声；短耳鸮则一边飞行一边发出重复的“布——布——布——”声；鹰鸮发出的“嘭嘭——嘭嘭——嘭嘭——”声短促而低沉，常常反复鸣叫不息。每一种猫头鹰都有自己独特的叫声。猫头鹰只有进入繁殖期才会尽情地鸣叫，平常它们几乎不会发声，就是飞翔时翅膀的扇动也是无声的。

在猫头鹰繁殖期，每当我夜间到森林中，都可以听到猫头鹰低沉的呼叫声。如果一连几天都能在那里听到叫声，就可以确定那些区域是它们要养育后代的地方，仔细寻找的话，可以找到它们的窝。在夜间听猫头鹰的鸣叫声是一种别样的感受，像魔鬼般低沉而短促的叫声飘荡在漆黑的空间里，让人仿佛进入白天感受不到的另一个世界。由此可以想象，夜间的动物世界是如此富有灵气。

猫头鹰的种类在全世界有134种，我国分布的种类有27种。长白山分布的猫头鹰已知有红角鸮、领角鸮、雕鸮、鹰鸮、长尾林鸮、乌林鸮、猛鸮、长耳鸮、短耳鸮、纵纹腹小鸮、毛腿渔鸮和褐鱼鸮等12种。其中，毛腿渔鸮和褐鱼鸮过去曾有记录，但长期以来再没有人发现它们的踪影。

猫头鹰有一对直视的大眼睛、围绕双眼形成的独特的大脸盘，还有让人畏惧的鬼怪叫声。这使人们对它们产生好奇。猫头鹰通常具有无声飞行的特性，这是因为它们柔软的羽毛可以吸收翅膀拍击产生的声音。它们是黑夜中的佼佼者。它们在生活、捕猎中有着神奇的独门绝技。它们总是在黑夜中展现精彩的生存技能，这就减少了人类了解它们的机会。但是，我们通过猫头鹰留下的各种痕迹，还是可以发现它们的蛛丝马迹。

猫头鹰在白天休息和晚上活动的地方或它们的巢区，往往会留下一些痕迹。猫头鹰在吞下食物后很快就会吐出一些难以消化的物质形成的颗粒。我们可以通过它们在地面上留下的吐球来判断是哪一种猫头鹰在这里出没，从而找到它栖息的位置。

◎猫头鹰吐出不能消化的食团

我在森林里观察动物的时候，常常在树下见到猫头

◎雕鸮

鹰吐出的不能消化的食团。有一次，在二道白河河岸一棵粗壮的大青杨树下，我看到许多像香肠一样的球块，有的已经分解，有的干燥了，有的还比较新鲜。这是猫头鹰吐出的食物残块。它们约 5 厘米，粗约 3 厘米。我扒开一些食物残块，发现都是鼠类的毛和牙齿、颌骨、趾骨和一些鸟类羽毛等。

这株参天大树高约 30 米，根部粗约 2 米，树干中上部有腐烂形成的树洞。吐球颗粒是从树洞口落到地面的，因为这些颗粒的落点就在洞口一侧。原来，这是雕鸮的窝，洞里面可能有几只幼鸟，正在等待夜晚父母送餐。

我采集了一些地面上成型的吐球，准备带回去对样本进行分检。我站起来环顾周边，发现在距离这棵树不远的西侧悬崖上，一只雕鸮站在一棵枯树上，一动不动地观望着我，偶尔缓慢地左右转动着头，橙黄色的眼珠非常醒目，有时半闭着眼睛。每当我移动的时候，它都会睁大眼睛注视着我，它在树枝上，头朝向那棵大青杨，也不出声。

雕鸮是长白山地区最大的猫头鹰，身长可达70厘米。它在我国大部分地区都有分布，但普遍稀少。雕鸮在森林里的乱石堆间，或者在峭壁上筑巢，也在地面巨石之间的一个洞里、在一棵空心的树里，甚至是在一只猛禽的空巢里营巢。

在3月底或4月初，雌雕鸮会在选定的地方下2~4个蛋。这些蛋和其他所有猫头鹰的蛋一样，都是白色的，几乎是圆形的。

刚出壳的小雕鸮披着淡黄色的羽绒，由父母双方喂养。在早期阶段，父母会把食物撕得足够小，以便幼鸟吞咽。雕鸮有一个非常大的嘴巴，可以很容易地吞下大块的食物。像老鼠这样的小动物会被整个吞下，然后反刍出不易消化的毛和骨头。雕鸮在黄昏和破晓时捕猎，它们的猎物有野兔、松鼠甚至有蹄类动物的幼崽，但它们捕获的大多数猎物主要是森林鼠类、两栖类、昆虫和鸟类等小型动物。

雕鸮的叫声是多变的，如咂嘴声和吐痰声。夜晚听到像狗一样的叫声，就是雕鸮繁殖期的求偶声。

我在昏暗的森林中听到过雕鸮发出的像狗叫的声音，也常常听到哀婉而轻柔的叫声。这个声音来自河边一棵紫椴枯立木上，那里有树洞。这是领角鸮的巢洞，巢附近，雌鸟和雄鸟相隔百米左右，对唱着恋歌。雄鸟发出一连串间隔一秒钟的粗哑“喔—— ”叫声，雌鸟叫声尖而颤，为降调“喔——噢”声，每分钟约5次。几天后，雌鸟产下5枚白色的卵。7月末，幼鸟离巢，跟随父母开始游荡。

领角鸮体长约24厘米，体偏灰或褐色，具有明显的耳簇羽及特征性的浅沙色颈圈，喜欢在山地森林、林缘中活动。

在长白山还有一种角鸮——比领角鸮还要小的东方红角鸮，它是猫头鹰中个头最小的鸮，体长约19厘米，眼黄色，胸部布满黑色条纹。它们在繁殖期通夜鸣叫，发出重复的“王——干——哥”粗喉音，

◎领角鸮

◎东方红角鸮

重音在最后一节上。据民间传说，哪里有此鸟的叫声，哪里就有人参，因此人们也称它为“棒槌鸟”。东方红角鸮在天然树洞中营巢，每窝产 3~5 枚纯白色的卵。东方红角鸮的食物以昆虫为主，有时也捕食老鼠。

长白山有长耳鸮和短耳鸮两种耳鸮属猫头鹰。猫头鹰的耳朵长短可能与它的听力无关，但与繁殖行为有关。长耳鸮本是一种栖息于针叶林的鸟类，但也会在阔叶林地中活动。它是一种不容易观察到的鸟，即使是在它经常出没的地方。因为它比许多其他猫头鹰更喜在夜间活动。如果在白天看到它，它很可能是笔直地坐着，靠近树干，或者隐蔽在浓密的枝叶中，把它的棕色夹杂灰色的身体与环境融为一体。

◎长耳鸮

◎短耳鸮

长耳鸮捕捉田鼠、老鼠和鸟类，也捕捉森林甲虫。繁殖季节会发出声音，但其实它是一种沉默鸟，不太可能用叫声惊扰人。

短耳鸮这种猫头鹰在东北地区繁殖，在冬季迁徙到南部地区。它在白天比大多数其他猫头鹰更活跃。你可以看到它在草地上轻快地滑翔，长长的翅膀倾斜成鹞式的 V 形。它的短尾巴和大脑袋可以把它与鹰区分开来。在春天，雄鸟的表演包括高空盘旋飞行、拍打身体上下、翅膀发出尖锐的“噼啪”声，这时小耳簇也凸显出来。短耳猫头鹰主要以田鼠和其他小型啮齿动物为食，会聚集在食物充足的地方。

猛鸮具有鹰一样的尾巴，腹部具横斑，总体为褐色。猛鸮在中国为罕见种，栖息于针叶林和针阔叶混交林中，繁殖期求偶的叫声常在夜间发出，强烈的颤音在一千米外可以听到。它们白天活动较多，飞行速度快，边飞边捕食，经常在灌木丛上低飞。它们的巢筑于朽木树洞或啄木鸟的旧巢，产 3~8 枚白色的卵。

◎雪被上的猫头鹰捕食痕迹

鸟类中，猫头鹰是典型的夜间出没的动物，白天潜伏在密林中。猫头鹰的眼睛能够察觉到极其微弱的光亮或热辐射，它们具有把多种实际物体与视觉、听觉、触觉、温度觉等联系起来的能力，进而发展出夜间弱光下精准捕食的探测系统。

在森林中观察猫头鹰是一件非常有意思的事情。可是近几年来，越来越听不到猫头鹰的叫声了，在雪被上也很少见到它们捕食时翅膀的划痕和双脚锁定猎物的痕迹……就我观察的区域而言，它们的数量趋于减少，其根源可能在于人类对猫头鹰的食物——森林鼠类持有莫名其妙的偏见，认为鼠类危害森林，便大量地投放灭鼠药或控孕药等，结果鼠类死亡或体内积累毒素，导致猫头鹰的食物匮乏或食物中毒。实际上，猫头鹰对森林鼠类数量的控制能力是非常出色的。可是，广泛的灭鼠和林业病虫害化学防治等的实施，正在不断地破坏整个生态系统生态链的稳定性。

17. 夜幕下的幽灵

在我们居住地的周边，森林、草原、湖泊、荒漠和农耕地上有许多哺乳动物栖息，可是我们能亲眼看到的种类寥寥无几。人们普遍都会有这种感觉：进入森林、草原、荒漠等环境中，除了喜欢鸣叫的鸟类之外，极偶然的机会才会看到在白天活动的花鼠和松鼠，或在下层枯枝落叶或树根中活动的一些小型啮齿类动物，因此人们常常会觉得这里的哺乳动物少得出奇。实际上并不是动物少，而是它们大多数喜欢在夜间出没，并警觉地与人类保持一定距离。所以，能见到野生动物是很不容易的事情。

自然界，有些野生动物漫步在森林里，有些飞舞在空中，还有些在地下或水中活动。有着不同生活方式的动物类群，大多数似乎都喜欢在夜间出没。

我们常见的两栖类动物，如青蛙，在进入繁殖期喜欢夜间在池塘中鸣叫，陆地生活期喜欢在阴凉避光的潮湿环境中活动，多于黄昏或夜间觅食各种昆虫；爬行动物，如蛇，则喜欢白天蛰伏在阳光和煦的地方享受日光浴、调节体温，等待夜间出动觅食。两栖类和爬行类动物都有喜欢在夜间活动的倾向，但它们并不是真正意义上的夜行性动物。

我们非常熟悉的鸟类，有些黎明前就开始鸣叫，有些则在黄昏时段非常活跃，但大多数鸟类喜欢在白天活动。尽管如此，在迁徙季节，有一些鸟类选择在夜晚迁移，如大雁、海鸟等。这说明，动物在特别的季节活动时，会展现出昼夜活动的周期性节律变化。

鸟类中，鸮形目和夜鹰目的多数种类为夜行性鸟类。鸮形目鸟类俗称“猫头鹰”，我国有 27 种，几乎遍及全国各地。猫头鹰拥有一张大脸盘，大而圆的两眼朝向前方。它们白天多匿伏于树洞、岩洞或稠密的树枝间，晚上才出来活动，食物主要为昆虫、鼠类、蜥蜴、鱼、小鸟等。

夜鹰目鸟类在我国有 8 种。它们白天多隐伏于森林中，黄昏以后才开始活动。它们具有发达的嘴须和眼先须状羽，飞行轻快，毫无声响，因此多在飞行中捕食，主要食物为飞行的昆虫。它们通常

◎普通夜鹰

在林中树下或灌木旁的地面上营造非常简陋的巢，把卵直接产在地面苔藓上或草地上。夜间活动的鸟类大多数眼睛都很大，具有敏锐的视觉和听觉。

兽类中昼夜活动的种类占多数，如长鼻目的大象，12 种食肉目的猫科动物、9 种灵猫科动物，34 种兔形目动物，多为昼夜活动。犬科动物 6 种，其中貉喜欢在夜间活动，其他的在昼夜均活动；鼬科动物 19 种，一般在夜间活动较多；熊科动物 4 种，倾向于夜间活动；小熊猫科动物 1 种，为夜行性动物。

我国灵长类动物有 20 种，大多数昼夜活动。其中，栖息在云南南部热带地区的蜂猴是严格的夜行性动物。海狮科动物 2 种、海豹科动物 3 种，多在白天休息，晚上出来活动。

食草动物的奇蹄目和偶蹄目多在白天或黄昏活动。獴科动物 2 种，是昼行性动物。

食虫类动物多为夜行性动物，如鳞甲目的穿山甲、猬形目的刺猬类、鼩形目和翼手目等。我国翼手目的蝙蝠类有 119 种，几乎都为夜行性动物；鼩形目动物 68 种，其中鼩鼱类是特殊类群，体型很小，眼睛退化，视力较差，属于穴居性动物。它们在夜间活动较多，白天隐身于土穴、树洞或枯枝落叶层里，只有夜间才出来在地面上寻觅昆虫等。

在哺乳动物中，为数最多的就是啮齿类动物了。它们多数穴居且很少离穴，只有很少几种是属于昼行性的。其中，松鼠和花鼠是有代表性的昼行性动物，它们广泛分布于森林中，晚上住在树洞或土穴中，白天则出来寻觅果、叶、鸟及昆虫等为食。除了松鼠等昼行性动物外，大多数啮齿类动物穴居于地面或树上，倾向于夜间活动。

就绝大部分动物而言，人们很难说明哪些种类是夜行性的、哪些是昼行性的，除非勉强做出一些人为的界定。我国野生动物的种类很多，有趣的是，许多动物种类具有夜行倾向，每个类群都有几种代表性的夜行动物。

爬行动物的代表性动物为蛇类，在夜间也能准确地攻击猎物。蛇有一种特别系统，能感受热血动物发出的红外辐射，使它们能在辐射能的电磁波段内看到猎物的成像。这个系统就是蛇的红外眼，也叫红外窝形器官，它具有检测热源的功能。在正常体温下，活体动物会发出红外线，但由于红外线波长太长，视觉系统无法探测到。但蟒蛇和响尾蛇可以通过位于眼睛和鼻孔之间的特殊凹坑器官“看到”活体动物身体的热红外线，这是一种能让它们在黑暗中捕食温

◎极北蝰

◎岩栖蝮

血动物的装置。不过，关于蛇类在自然环境中是如何应用红外感官的，人们还知之甚少。在白天，蛇的视觉系统起作用的情况下，它们是否还利用红外检测器来猎取食物？这是一个令人感兴趣的需要深入探索的问题。

在哺乳类动物中，只有蝙蝠类有飞行的能力。从逃避敌害、扩大栖息地和食物获取范围的角度来看，它们的飞翔的确是有利的。蝙蝠共有 800 多种，占整个哺乳动物种类的七分之一。除啮齿类外，蝙蝠的数量比任何一种哺乳动物都多。

◎褐长耳蝠

◎马铁菊头蝠

由于大多数蝙蝠是夜行性动物，所以要认识分化多样的蝙蝠不是一件容易的事情。这种能飞翔的哺乳类动物，形态千奇百怪，有的身上有各种凸折或凹折，有的脸上长着鼻叶，有的长着筒状的大耳，耳内有形状大小不一的耳屏，十分神奇。

蝙蝠具有面积很大的翼膜，后肢连接薄而无毛的皮膜，这有利于飞行和倒挂。大多数蝙蝠的翼膜质表皮在飞翔时还可用作冷却身体的“散热器”。这样精巧的结构在阳光照射下会导致过热，故蝙蝠选择在夜间出行。

蝙蝠的另一种特殊能力是连续回音定位。这是使蝙蝠得以适应夜间活动的特殊感觉器官。借助回声定位探测系统，蝙蝠可以在完全黑暗的夜间，在一定距离外探测到猎物的位置并判断前面有无障碍物。蝙蝠在飞行过程中可以连续不断地发出超声波，一秒钟能发出 5~20 次超声波的脉冲，通过接收回声，蝙蝠可以知道目标是什么东西以及距离远近，从而决定是绕过障碍物还是猎食。

蝙蝠一旦发现猎物，发射脉冲的次数会激增 10 倍以上，并以迅雷不及掩耳的动作捕捉猎物。典型的蝙蝠没有鼻叶，而是由口中发出超声波振荡，而各种菊头蝠则是从鼻叶中发出。

◎栗齿鼩鼱

鼩鼱类动物长得有些像小老鼠，个体小，嘴巴尖尖的。大多数种类在地面枯枝落叶层或腐殖质层下觅食昆虫和其他软体动物，也捕食小型鼠类。它们常常挖出地下通道，白天很少离开地下通道和洞穴，晚上则从地下通道来到地面活动。长期的洞穴活动使鼩鼱的视觉功能几乎完全退化，捕食的时候主要靠敏锐的听觉、嗅觉和触觉。

鸟类中，猫头鹰是典型的夜行性动物，它们具有把多种实际物体与视觉、听觉、触觉、温度觉等感官系统联系起来的能力，因此能够适应夜间生活。

人们普遍认为，动物选择夜行是缘于对生存环境的恐惧，是一种避敌行为。还有人认为，夜行性动物之所以在夜晚出没，有些是因为捕食的猎物也在夜晚出没，有些则是有灵敏的感官适合在夜晚出没。不论什么原因，它们都具有良好的感官系统。

实际上，夜间活动的机理是非常复杂的。例如：刺猬虽然对环境适应性很强，但它们有喜静怕光、昼伏夜出的习性；鼩鼱类动物的新陈代谢水平高，需要摄入足够的食物，因此不得不昼夜不停地觅食。

有些种类如蜥蜴、蛙类等，为了避开日间猛烈的阳光，减少身体水分的散失而选择在夜间活动；有些种类是因为猎食的动物喜欢在夜间出没，因而这些捕食者也选择在夜间活动，如以鼠类、昆虫为食的蜥蜴、猫头鹰等动物，在夜间显得特别活跃，它们具有适应夜间生活的敏锐视觉和发达的嗅觉；有些种类则受限于视觉系统而只能在夜间活动，如蜂猴、蝙蝠等。

对于大多数动物而言，为了适应夜间活动，它们展现出了发达的视觉、听觉及嗅觉系统。例如：猫科动物等肉食性动物依靠发达的听觉、视觉和嗅觉，能同时适应白天和夜晚的活动，增加了捕食时间；野猪靠灵敏的嗅觉挖掘地表寻找食物；有蹄类动物靠视觉在

◎黑斑蛙

微光下活动。

由此可见，动物的夜行行为是为了适应环境长期进化的结果，不同物种展现的夜间活动能力，形成了各自的适应夜行的特性。

我们知道，具有昼夜节律的生命现象是普遍存在的。有些动物适应在白天的强光下活动，有些动物则适应在夜晚或晨昏的弱光下活动。这说明，动物的昼夜生活方式与光有着密切的联系。

光是地球上的生物得以生存和繁衍的最基本的能量源泉。除了深海或地下深处的生物，大多数动物都需要光，光的直接影响和间接影响对动物昼夜节律起着重要作用。

比如，有些动物通过感受器接收到的光，是间接的外界环境的信号，这些信号使有机体通过神经系统对即将到来的环境变化有了预先准备。光照的季节性变化对动物的繁殖、换毛、蛰伏和迁移等周期性行为有着重要影响。动物对环境变化的反应是各有特点的，白天活动的动物代谢水平在有光时高，而夜间活动的动物在夜晚的代谢水平高。代谢强度与昼夜更替有关，而昼夜更替又是由光的环境信号来决定的。

在同样受光影响的情况下，光的能量对动物具有重要的意义。光照的光谱组成、延续时间和光照强度，对于不同动物而言都存在一个最适宜的范围，过高或过低都会影响动物的活动节律。所以，我们可以通过动物对光的反应，将动物区分为夜行性、昼行性、晨昏性和全日性动物。根据这些特征，又可以把动物区分为能经受很广范围光照质量变化的“广光性”种类和要求一定的、狭小的、局限的光照质量变化的“狭光性”种类。光决定着动物的生活方式，影响着其昼夜节律的休止期与活动期的相互更替。特别是，光对夜行性和晨昏性动物有着重要的意义。

动物行为与光的关系各不相同，因此可将动物区分为喜光性动物和避光性动物。例如：某些昆虫具有正趋光性，还有一些具有负趋光性；有些种类只对一定波长的光做出反应，如鸣禽类醒觉的时间因日出的变化而异，在晴朗的日子通常醒觉较早。

当光照状况和强度变化时，多数动物昼夜活动也会随之变化。例如：有些动物冬天很少从洞穴中出来，只会在温暖有阳光的白天出来；有些动物，如沙鼠，在炎热的季节会严格执行夜出生活，但在秋天和冬天，它们不只是在晚上活动，白天也能在地面上看到它们。

大多数鸟类都具有发达的尾脂腺，将尾脂腺分泌的脂肪涂抹到羽毛上，可以增加羽毛的防水性。鸟类在光照的影响下，腺体会增加对维生素 D 的分泌，它们会把分泌物涂到羽毛上，再用喙收集并吞咽下去。因此，为了让尾脂腺充满活力，大多数鸟类选择在白天活动。

研究表明，动物的昼夜节律并不完全取决于外界环境因素，它们本身也具有一种内在调节机制。例如，小飞鼠在黑暗和全光对照的实验中，均按照已经形成的节律活动，这说明其节律遵循自身内在的生物钟，而不受外界环境变化的影响。由此可见，生物钟对动物的生理行为起着重要的作用。

昼夜活动是复杂的生物学现象，也和其他外界因素如温度、降水量、空气湿度、风等有关。而这些因素又与光照的稳定性有关，所以光照是大多数动物种类昼夜活动的重要条件。在温带森林地带，昼夜活动类型的动物较多；在热带森林中，夜出活动的动物大致与昼出活动的动物相当；在沙漠和草原中，哺乳动物以夜出类为主；在苔原地区，动物以白天活动为主，有的全昼夜活动。对光照度的反应决定了动物进化时对光照条件的适应性，这种反应与其生活方式及居住地的特点相符。

人类已经通过研究动物特有的夜行行为，发明了红外探测、雷达定位等技术，但迄今为止，还没有哪种人造器械能与蝙蝠那复杂敏锐的回声定位系统相媲美。还有许多需要探索的夜行性动物研究领域，具有开发和拓展仿生技术的巨大潜力。

18. 森林里的凤凰——花尾榛鸡

我在长白山对温带森林鸟类的观察已经有几十年了，但我对花尾榛鸡的生活习性、行为、栖息地破碎化及狩猎压力等的研究，是近年来才产生的兴趣。一直以来，我更为关注东北虎、中华秋沙鸭、黑熊等濒危动物群体。近些年，我意识到当地土著动物的活动和命运与人类活动更加息息相关，只有了解它们生存的方式和适应环境变化的能力，发现它们面临的困境，才能让我们的关注点更加准确。

花尾榛鸡是松鸡科鸟类，在我国主要分布于东北大兴安岭和长白山地区的森林中，是东北森林中常见的“居民”之一。它的肉质细嫩，味道鲜美可口，富有营养，是野味中的珍贵佳肴，也是国际上著名的狩猎鸟。我国早在1810年即有记载，花尾榛鸡是当时最著名的岁贡鸟，被赋予“飞龙”的美称，专供皇帝、贵族享用。由此可见，人们对花尾榛鸡的利用历史非常悠久。

这种可爱的松鸡大部分时间是在树上度过的，所以人们又称其为“树鸡”。它性情温和，不好喧哗。想要亲眼看到它们或听到它们的声音，最好的时间是花尾榛鸡种群之间交流的繁殖期。在这个时期，你会听到它们发出的金属般节奏简明的鸣声，还有振动翅膀的声音。它们鸣叫时常伴随着伸脖、缩头、松翅、翘尾等动作，鸣声是它们主要的信息交流方式。花尾榛鸡的翅膀短，一般要通过助

◎花尾榛鸡的飞姿

跑才能使400克左右重的身体离地而飞，飞翔距离通常可达20米左右，即便从高处滑翔，最远也不过50米。它们警觉和逃避危险的行为是挺直颈部，观察周围环境而不急于逃离。其体色接近青灰色并布满白斑，类似树皮，静静待着的时候不易被发现。

长白山寒冬过后生命复苏，树芽萌发、枝条变色的时候，雄性花尾榛鸡开始通过动听的鸣叫声，划出自己的不可侵犯的领地。通常，雄鸟耸起头顶冠羽和颈部的羽毛，下垂短而坚挺的翅膀，竖起扇形的尾羽，踩着碎步转来转去，吸引雌鸟的注意。此时，雄鸟眼上月牙般的红色眉纹异常鲜艳，喉部的黑色羽毛特别张扬，尾羽在白色斑点的衬托下格外醒目。雄性花尾榛鸡在求偶期特别活跃，而雌鸟则显得安静。

◎雄鸟眼上月牙般红色的眉纹异常鲜艳

初春，随着地表温度的回升，冬雪慢慢融化，大地绽放出五颜六色的花朵。就在春意盎然的时节，雌性花尾榛鸡开始筑巢。它们选择在紧贴树根的基部或倒木下，扒出浅浅的坑，铺垫几片树叶和几根枝条，就筑好了抚育后代的摇篮。花尾榛鸡每窝产卵 8~14 枚，孵卵的任务由雌鸟单独完成。雌鸟在孵化过程中经常离巢觅食，离巢时会用干树叶、细枝或树皮等将卵覆盖，使巢表面和周边的环境一致，很难看出是鸟巢。孵卵期，雌鸟身体的颜色与周围环境的颜色非常协调，形成很好的隐蔽色。孵卵的成鸟非常恋巢，有时即使你无意中走到了它的巢跟前，它都纹丝不动。这个时期对于雌鸟来说是一个严峻的时期，许多天敌如黄鼬、貂、蛇等都会对鸟卵构成威胁。鸟类普遍本能地采用隐蔽色和不轻易离巢的行为来保护自己的卵。

◎雌鸟单独完成孵卵的任务。雌鸟孵卵期的体色与周围环境的颜色非常协调，即使你走到花尾榛鸡的巢前，也不会轻易发现它们

◎花尾榛鸡的卵大小为（35.1~41.8）×（26~29）毫米，呈黄褐色，表面有稀疏的红褐色小花点

◎花尾榛鸡选择在树根下产卵

◎孵卵期离开巢的时候，它们用树叶覆盖住卵

经过 21~25 天精心孵化，小生命一个接一个破壳而出。刚刚来到这个世界的雏鸟，在母亲的怀抱里待上几个小时，等羽毛干了就会跟随雌鸟离巢。一个家族便开始了在森林里的新生活。这个时期的大自然充满各种危险，雌鸟需要精心看护这些幼小的精灵。

夏季，茂密的树叶和青草占据了林间，遮挡了森林空间。这个季节正是雄鸟换羽、雌鸟忙于抚育幼鸟的时候，它们很少鸣叫，活动也很隐蔽，在野外很少能见到它们。花尾榛鸡觅食树叶、浆果和各种含高蛋白的动物性食物，食物非常丰富。在整个夏季，动物性食物对发育中的幼鸟的生长非常重要。

雨量充沛的夏季，是花尾榛鸡幼鸟成活的关键时期。我们的研究表明，初夏时节，幼鸟的日龄一般在 15 天左右。在它们刚刚长出飞羽、具有防水功能的尾脂腺还没有发育完全的时候，最容易受到降水和气温的影响。如果遇到恶劣的天气，花尾榛鸡幼鸟死亡率很高，达到 40%左右。

秋季，幼鸟已经和成体一般大小，从体形上已很难分辨成体和幼体了，但通过鸣叫声可以分辨——幼鸟的声音还没有发育成熟，只能发出沙哑的不完整的音节。此外，我们还可以通过飞羽外侧边缘斑点的颜色来辨别，斑纹棕色较深的为幼鸟，较浅的为成鸟。

秋季，长成的幼鸟开始离开家族群，散布到其他群里。此时，花尾榛鸡的领域行为虽比较明显，但没有春季那么强烈。花尾榛鸡一般 5~8 只集成小群，在比较固定的领地活动，它们用口哨般的声音相互对话，传递自己所在的位置或更深奥的信息。我们通过研究它们发出声音的位置，发现花尾榛鸡在林地空间中相互保持一定距离分散活动，而不是许多个体集聚在一起。花尾榛鸡一般不轻易发出鸣叫，只有分散活动后要重新集中在一起的时候才会鸣叫，这也许是为了减少天敌的捕食而采取的生存策略。

秋季，各种浆果类是花尾榛鸡的主要食物。冬季，白桦树、柳树和杨树等阔叶树的嫩芽是花尾榛鸡最喜爱的主食。清晨和傍晚是它们集中进食的时间，两三只在一根大树枝条上，慢慢移动身体，伸长脖子觅食枝上的树芽。它们的食量很大，填饱嗉囊后，当天空渐渐昏黄时，成对或小群集中在一起过夜，等到天亮时又开始了一天的活动。

冬季进入长白山温带森林，可以看见在枯树上啄木的啄木鸟和在树干上旋转觅食的旋木雀，还有在树冠层飞来飞去的锡嘴雀。只有偶然的机会才能在河谷、林缘、路旁见到成对或一小群活动的花尾榛鸡。

冬季对于花尾榛鸡来说是严酷的季节，它们会选择开阔的地方，一头扎进雪地里度过寒冷的夜晚。它们将头插入雪下后，会在雪表

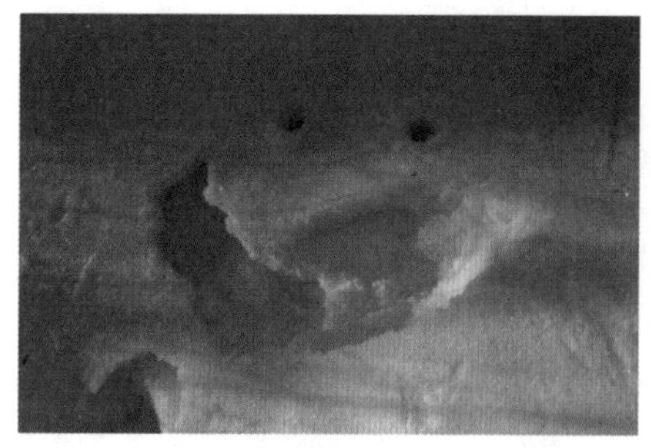
◎冬季，花尾榛鸡选择在雪窝中过夜

◎过夜后离开时，在雪窝中排出约占其体重四分之一重量的粪便

捅出小口，用于呼吸空气，同时用尾部羽毛堵住入口。它们在过夜后离开时，会在雪窝中排出约占其体重四分之一的粪便。虽然花尾榛鸡巧妙地利用冬季雪下温度高于外面温度的自然现象度过了寒冷的夜晚，但是这种行为也为其带来了灾难。一些人类捕猎者会利用这个机会捕杀藏在雪窝里的花尾榛鸡，他们利用花尾榛鸡喜欢觅食鲜红浆果的习性，用鲜红的东西引诱它们陷入人工陷阱，甚至把毒药涂在鲜红浆果上来毒杀它们。

◎黄喉貂擅长捕食花尾榛鸡

花尾榛鸡因温驯、笨拙、飞翔力退化和一些特有的行为，容易受到天敌的袭击——它们好像生来就是其他动物的盘中餐。长尾林鸮、紫貂、青鼬、金雕、雀鹰、猞猁、狐狸等都捕食它们，乌鸦捕食其幼鸟，蜱螨叮咬其幼体。它们的一生都在被捕杀的危险中度过，艰难地繁衍着。

花尾榛鸡非常不喜欢进入开阔地，农田地似乎是它们非常难以穿越的生境。在我国以农业为主的高度片断化的林地中，20 世纪 60 年代以阔叶树占优势的天然林，随着人口的增加及种植业快速发展，被大面积开垦、采伐。目前，许多阔叶林已转变为农业用地，采伐林地种植了针叶树，现剩余的林地呈现出以人工针叶林景观为主导的趋势。资料表明，花尾榛鸡冬季的主要食物为阔叶树的花序和树芽。因此，花尾榛鸡尤其喜欢出没在针阔叶林中，常出现在阔叶树占 5%~60% 的林地，而且类似的灌木林面积在 20 公顷以上。

我们发现，随着斑块林地大小和阔叶树比例的增加，花尾榛鸡的出现率也在增加，这更好地阐明了斑块林地大小和林地树木组成的相互关系。由此我们得出结论：花尾榛鸡对生境片断化特别敏感，尤其对林地的面积大小、连接度及可食树芽的阔叶树所占比例等的改变反应敏锐。所以，营造多样化的健康的森林，对花尾榛鸡的繁衍有促进作用。

花尾榛鸡种群的盛衰，与森林的破碎化程度、

◎花尾榛鸡被快速行驶的车辆撞死。据统计，2007—2014 年在长白山道路上死亡的鸟类中，花尾榛鸡的数量排到第 5 位

适宜栖息地数量、杀虫剂使用量、林区公路的密度、天敌的数量、人类捕杀的多少、疾病的轻重和气候的好坏息息相关。

这些生活在大自然中的鸟类，将随着时代变迁继续生存，希望它们能够一直繁衍下去。如果我们还没能意识到这些鸟类存在的价值，未来可能影响到大自然的生物多样性，进而对人类的生存环境产生不良影响。

19. 红交嘴雀与球果

红交嘴雀是松林中的代表性鸟类之一，多生活在海拔 1000 米以上的云冷杉针叶林中。它们喜欢在树冠层及树冠上空活动，常结群飞翔，不断由一个树冠飞向另一个树冠，飞翔时两翅剧烈扇动，边飞边叫。红交嘴雀的繁殖依赖针叶树种子，因为它们很少吃其他食物。它们拥有交叉的喙，非常适合用来扭开云杉和松树球果的鳞片。它们可以轻易打开各种松树的球果鳞片，取食种子。

◎红交嘴雀

红交嘴雀以针叶树的种子为主要食物，觅食时脚踩在球果上或树枝上，倒悬着进食。

红交嘴雀根据松树结实状况选择栖息地和繁殖地。通常情况下，雌鸟独自筑巢，繁殖期为6~8月，6月初产卵，每窝产4枚乳白色的卵，卵深层有浅棕色斑点和线状花纹，表面有大小不等的红褐色斑点，大小为20毫米 ×15毫米左右，孵化期为17天左右，雌雄鸟共同育雏，雏鸟为晚成鸟。刚孵出的雏鸟喙是直的，到了能够初飞的时候，雏鸟的喙尖开始交叉。

红交嘴雀营巢于针叶树的侧枝上，距地面较高，可达20米。巢呈深碗状，由落叶松和云杉细枝、苔藓、地衣构成，内垫地衣等细软物，外径为14厘米左右，内径为6厘米左右。

它们的鸣声较响亮，发出“jio——jio——jio——”反复的爆破音。红交嘴雀多分布于全北界及东南亚的温带森林，在中国繁殖于东北、新疆西北地区。

不同树种的松树球果存在形态差异，体现了它们对环境适应能力的不同。例如：冷杉球果可以有效应对温度和水分变化，当气温下降或者空气潮湿时，球果便关闭鳞片，当气温升高时，鳞片会再次打开；云杉的球果可呈半闭果状态，当天气干热或发生火灾时，球果开裂，当天气变得冷湿时，又复闭合。由此可见，有些球果具有适应环境条件的闭果特性。

有一些松树，其落地的种子具有一定的休眠期，在土壤中度过一个完整的生长季才能打破休眠期。不仅红松有休眠的特性，阔叶树种如椴树、水曲柳、色木槭等也有种子休眠的习性。而像山杨和白桦等，则是在种子落地后迅速发芽，如果不具备发芽条件，种子会很快失去发芽的能力。

有些松树需要借助动物的力量播撒自己的种子，如红松便利用其特有的智慧，让种子释放出强烈的松香味，把森林里的“居民”吸引过来。各种动物在以红松子为食进行美餐的时候，也在毫不知情地为红松传播种子。红松和动物之间形成了一种奇妙的共生互惠关系。

◎云杉球果

◎臭冷杉球果

云杉球果多呈下垂状，而冷杉球果通常向上，那么，其生态适应意义是什么？从植被分布情况来看，冷杉通常比云杉更耐寒，因此其分布的海拔上限更高。似乎适应寒冷环境的植物倾向于球果上举。但从种子散落的角度来看，云杉的球果向下，倾向于凭借种子自身的重量或借助风媒散落到地面；冷杉更多地依赖动物（如交嘴雀等鸟类）在觅食种子的过程中把种子散落到地面。

一些树种从种子成熟到脱落，可持续相当长的时间，如樟子松、赤松、美人松等，且成熟后的球果不会开裂，要到第二年春季才开始开裂和脱落。云杉和冷杉的种子脱落的过程很长，可持续几个月，通过这种方式可以保证不断有种子供应，而不至于一下子就将种子落下，也不至于发生幼苗因火灾全部被烧死的情况。

◎落叶松球果

有些种子会在树上保持若干年，如落叶松等。落叶松种子成熟的时间大致在9月上旬，种子散落的时间是在9月下旬。落种特性是散落时间长，长达7个月，其中冬季的1—2月份基本不落种，秋季10月落种最多。落种多少与日温度有关，不同地理分布的同一种亚种之间亦有所不同。

落叶松80%以上的种子脱落在距母树50米的范围内，最大距离为100米，因风向和风力不同，脱落的距离和方向也不同。那么，散落的种子去向如何呢？有萌发的，有无活力的，也有被鼠食、鸟食、虫食的，还有腐烂的等。

红松、偃松、赤松、长白松的球果两年成熟，落叶松、冷杉、云杉的球果当年成熟。其中，落叶松的球果成熟后不脱落；冷杉球果直立，成熟后种鳞和种子脱落；云杉球果斜下垂，成熟后整个球果脱落。

有些松树的球果成熟后，由于种鳞被松脂胶着在一起，不能开裂，只有等森林火灾发生时，借助高温将松脂熔化，球果才开裂，种子才得以落到地面上。而这时，地表已经被火烧过，具备了种子接触土壤和种子发芽的条件。长白松是一个耐火烧的树种，现存的长白松林中有很多火烧的痕迹，长白松幼龄林组就是火烧后迅速成林的。不同年龄阶段的林组都与地区火烧密切相关。

红松种子是很多动物越冬前期大量储备的食物，这些动物的储备、搬运活动，弥补了红松种子不能靠重力或自身传播的不足。例如松鼠和星鸦，这些食种子动物有时会忘记它们埋藏的红松种子，因此它们就充当了种子扩散和幼苗萌发的主要媒介。红松种子比较大且无翅翼，这一结构特点决定了红松的天然更新对动物有近乎绝对的依赖性。

红松种子重而无翅，球果成熟以后，果鳞不能自行开裂，种子因此不能自由散落，而是随球果一起落地。这样散落的红松球果一般落到树干基部的数米至 20 米的范围内。可是，在自然界中，可以见到离母树很远的地方有不少的红松幼树。这显然是动物对红松种子传播的结果。

不同树种的种子在散播方式和散播时间上有显著的差异。蒙古栎和核桃楸种子大，主要靠动物和重力散播；山杨和白桦等种子粒小，可以靠风力散播到较远的距离；枫桦、春榆、裂叶榆、槭树、水曲柳等种子多为不同形状的翅果，都有靠风力传播种子的能力；椴树为核果，种子小，黄波椤为浆果状核果，都靠鸟类和重力传播。

种子大小也是一种重要的适应特性。种子大小和重量还涉及对成林环境的要求及其在演替中的地位。种子越大越易在林冠下长成幼苗，原因是种子储存的营养物质多，对外界物理环境的依赖性小。另外，种子越重越容易克服枯枝落叶层造成的障碍。

20. 一条道路的故事

当你乘坐汽车，沿着一条蜿蜒曲折的公路缓慢行驶的时候，可以透过车窗，近距离观看路边的景色。一路上，你的眼前反复闪现的是形态各异的大树、花草和陡峭的森林边坡，目睹辽阔天空之下的公路一直延伸到希望抵达的远方。

当你长时间置身其中，会发觉路边的景色似乎是连续的，因而可能感觉枯燥乏味。然而，每当我在道路上带着好奇心欣赏风光的时候，总会以不同的眼光看待这个世界。车窗窗口展示了不断变换的、动态的路域景观。公路两侧是适应路域环境的低矮植物、人工种植的花卉、小块洼地、散布的灌木丛、裸露的沙地或岩石、形态不一的植被、标志牌、栅栏、农田或建筑以及一些古老的大树等。这些显眼的绿色生命形式，揭示了一个全新而复杂的路域生态系统。

对于人类而言，道路是再熟悉不过的了。道路是促进物流、人流、经济流和信息流的文明象征，早已成为人类生活中不可缺少的设施。道路建设日新月异，一举成为地球表面最庞大的人类创造的线型构造物。但是，随着道路的拓展和汽车的急速发展，带给人们生活的还有泥浆、臭气、灰尘和噪声。

那么，动物是如何看待道路的呢？这里引用一位生态学家描述的兔子们对公路理解的一段内

◎环长白山公路

◎普通鵟因公路致死

◎棕黑锦蛇因公路致死

容。故事是这样的：所有的兔子慌张地跳跃着，惊异地看着这条道路。这一刻，它们认为自己在看着另外一条河——黑色、光滑、笔直……“但那不是自然形成的。”一只兔子说，一边呼吸着这种奇怪的、强烈的由柏油漆散发出来的味道。“那是什么，它是怎么来的？”另一只回答道：“这是人类干的，他们把黑黑的原料铺在那里，然后汽车就在上面行驶，比我们快……”“但是它是危险的，不是吗？”“他们能够追上我们？”“不，那是奇怪的事情，他们根本不会注意到我们……实际上，我认为他们根本不是活物。但是我必须承认我不能理解这个怪物。”兔子们的对话，表露出它们对栖息地出现的公路持有恐惧感和不悦的态度。

我有幸走在长白山温带森林穿越自然保护区的道路上。从 2007 年开始，这条公路带给动物生活的改变是什么呢？那些植被、溪流、侵蚀、土地利用格局和野生生物的移动是怎样的呢？它们影响道路吗？或者说，道路影响它们吗？道路周边的植被和动物生活是如何变化的呢？我就这些问题展开了道路生态学研究。

这条蛇形的公路蜿蜒在温带森林之中。早些时候，人们利用这

◎这条公路早期的模样

条路运输了大量木材。今天，这条路成为人们通往大自然和财富梦想的重要之路，人类的许多经济活动和生活痕迹陆续出现在这条道路上。这条公路整合了风景点和娱乐区，每年有大量四面八方的来客涌上这条公路，享受长白山优美的景色和自然景观。人类的足迹通过公路网踏入这片净地，对生态环境产生了巨大的影响。然而，人们很少注意到这些位于自然保护区和城镇的公路所带来的生态问题，公路的生态学影响仍然没有从更深层次引起人们更多的关注。

当我在公路上行走的时候，总感觉公路和寂静的森林很不协调。我来到公路与林地的交会处，发觉许多森林鸟类都在远离公路，甚至要进入森林内部很远才能找到它们。这显然是汽车发动机和车轮

◎繁忙的公路

摩擦产生的噪声太大的缘故。事实上，在路域只能见到很少的森林脊椎动物，也许能见到胆子比较大的花鼠在公路上穿越，还有一些爬行动物和两栖类动物穿过公路。飞驰的车辆的噪声就像不可逾越的墙，形成了一条针对动物的隔离带。

如果你来到林地边缘细细观察，就会发现森林边缘分布着很多杂草，有些是外来物种。这些物种的活动区域延伸到了路域的空旷区域——它们是被远方的车辆不经意间带过来的，虽然这样可能会使野生花卉多样性升高，然而几种草类和一些外来物种却容易在新的环境里形成优势群落。

道路建设之时，开阔而笔直的路域边沟的水温较高，水体的自然特征被改变，路域附近原本具有极高生态活力的林地溪流便不再发出动听的潺潺流水声，它们或消失，或变成死水泡子。看不见的一氧化氮、碳氢化合物、除草剂、道路盐和重金属，如锌、镉和汞等化学物，在雨水和风的作用下，扩散到路域和森林边缘，进入溪流、湿地和地下水，从此存在于大自然的内部循环，威胁着一些物种的生命。

如果沿着公路行走，可能会看见因道路致死的动物，尽管有些尸体已被肉食性动物拖走或被人们清除了。路域作为物种的栖息地是有着多方面原因的，如公路两侧阳光充足、灌木萌生发达、大量植物结实量增加等。因此，许多吃谷物和昆虫的鸟类和兽类会被吸引到路域。尤其在未除草的路域，密集的草本覆盖吸引了许多小型

◎道路边池塘水位下降导致两栖类的卵破碎

◎长尾林鸮因道路致死

哺乳动物，因而鸟类和兽类等动物的捕食者会在靠近路域的开阔林地栖息和猎食。围绕路域生长的灌木成了许多动物的栖息地，如野兔、鸟类和兽类。路域环境的确为许多动物创造了新的栖息环境，它们在道路上觅食，在路边筑巢，在开阔的道路上捕猎、取暖。可是，道路环境对野生动物产生吸引力的同时，也增加了动物在道路上死亡的频率，包括大型有蹄类动物、鸟类、两栖爬行类动物和各种小型昆虫。

一些动物，如爬行类和昆虫，被吸引到道路表面或路域来晒太阳或筑巢，而爬行类来到道路表面晒太阳或乘凉的时候，可能因道路致死而成为腐食动物的食物。一些动物喜欢在道路附近寻找食物，寻找因道路致死或晒太阳的动物、从车辆上丢下来的食物，它们在觅食的过程中都可能因道路致死。在需要清除雪和使用融雪盐的道路区域，矿物质缺乏的有蹄类动物会靠近道路边缘或在道路上舔食食盐，这增加了其致死的可能性。大量研究表明，在大多数地区，动物的道路致死率已经超过了天敌和疾病等的自然死亡率，甚至超过了人类的猎杀。

关于道路导致动物死亡的记录，最早可以追溯到车辆诞生之时。19 世纪中期，有人描述了四轮马车和一只海龟的相撞事件；1895 年，有人讨论了铁路导致的鸟类死亡事件；20 世纪初期，许多文章报道了脊椎动物的道路致死事件。多数早期的报道是基于车辆旅行，记录者处于度假过程中，也有几个例子是基于多次长期旅行或者有计划的调查。

道路密度在不同区域变化较大，成为动物不可穿越的屏障，导致野生动物种群破碎。动物不仅寿命受到挑战，日常生存也受到影响。道路成为野生动物迁移的主要障碍，阻挡了动物的正常迁移，形成了小的斑块栖息地并限制了动物在这些栖息地之间的迁移，进而影响其日常活动。这就不可避免地导致了更高的致死率、更低的出生率和成活率。

随着道路交通的改善，人们越来越深刻地感受到道路给日常出行带来的便捷，然而，我们也感受到在人类快速移动的过程中，会不经意间把各种疾病、病虫害和病毒扩散到各个角落。而四通八达的道路可以迅速把致命的病毒和各种疾病传播到广阔的空间，影响人类和动物的生存。

高度发达的道路网降低了曾经生存在这片景观中的物种的数量

和质量。把大型自然种群分割成小的种群，可能导致局部物种灭绝。同时，连接景观中不同斑块的野生动物迁徙的廊道可能被切断。这是否是一个不经意间形成的对生物多样性的累计破坏？

但是对人类社会来说，道路是连接人与人、群体与群体、城市与城市的生命线。没有这些生命线，生活的质量会急剧下降。那么，如何协调野生动物与人类社会之间的矛盾呢？如何减少道路运营过程中产生的负面的生态影响呢？我们需要冷静地思考这些问题。

道路是复杂的生态系统，涉及社会、经济、文化、理化、地理等多学科综合体系。正如许多生态学家提出的那样，要重点理解道路的生态效应，核心包括维持人类生命活动、维持生态过程，要在二者之间达到平衡。

21. 解密动物的痕迹

行走在大森林中，人们都有同样的体会，那就是在野外想亲眼见到一只野生动物非常难。这是因为许多动物喜欢在夜间活动，且它们在尽可能回避人类。我们偶尔在行动非常谨慎的情况下，会碰见一些常见的动物种类，如狍子、野猪或熊，其他如猞猁、虎、豹和紫貂等行动诡秘、嗅觉和听觉非常敏感的动物种类是很难遇到的，想见到它们的唯一可能就是在它们经常活动的范围采用守株待兔的方式，等候这些动物出现。

过去几十年，我常与野生动物打交道，可是想真正看到动物实体并不容易，尤其近距离接触更是谈不上。多年来，我都是靠野外动物留下来的各种痕迹，得到动物在这里活动的信息。动物们留下的这些痕迹，如粪便、足迹、卧迹、扒痕、毛发、骨骼、食痕等可以传递大量信息。这些痕迹具有时间、空间和种类的属性，所以长期以来人们在动物生态学研究中沿用了观察分析痕迹的传统方法。

◎马鹿的头骨

动物每天需要寻找各种食物，它们频繁觅食会留下很多食痕，而形状各异的食痕可以提供非常重要的动物生态信息。这些痕迹信息传递了动物的食谱——不同季节食物的变化和喜欢吃什么。食物的种类也反映了这些动物与环境的关系，人们也可以根据食物丰富度预测这些动物的种群变化或种群迁移等信息。

动物排泄粪便是几乎每天都会有的生理现象，有些种类有比较固定的厕所，如狗獾、原麝、水獭、小飞鼠、鼠兔等；有些种类如狍子、马鹿等，则随时随地排泄粪便，也有标记自己活动范围的目的，它们通过粪便和尿液气味，识别出这里是否是它们活动的领域；有些种类如紫貂等鼬科动物，喜欢在倒木上排泄。通过粪便的新鲜度可以判断动物活动的大概时间，更重要的是，粪便提供了这些动物的

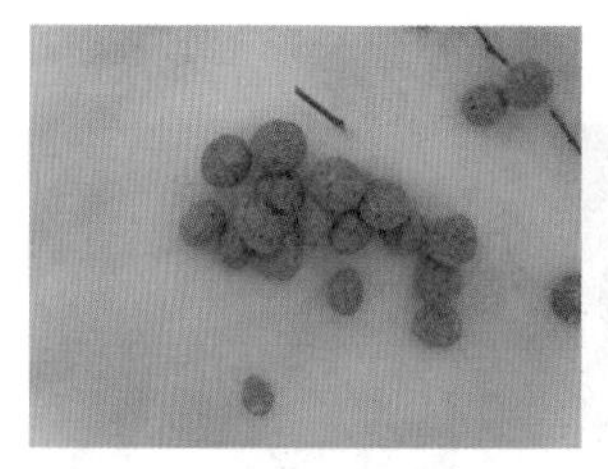
◎东北兔的粪便

◎狗獾的粪堆

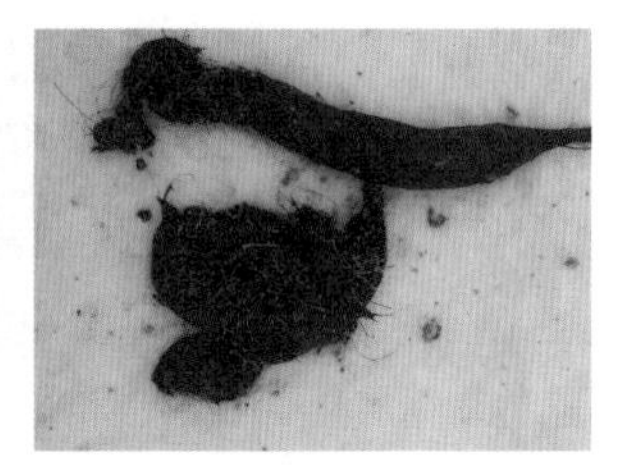
◎黑熊的粪便

◎黄喉貂的粪便

◎黄喉貂粪便里的种子

◎狍子的粪便

消化状况、不同季节吃了什么等。另外，通过粪便样本还可以进行肠道菌群分析，也可以进行个体识别和基因检测。最有代表性的是对大熊猫的研究。研究人员通过大熊猫的粪便纤维状况和肠道菌群，分析了大熊猫分布和个体遗传的多样性，以及中国大熊猫种群数量的变化趋势。

对于自然爱好者和动物生态探索者来说，足迹是非常神奇而有意义的自然档案，它们讲述了动物生活的一部分。为了增加你的知识，也为了作为你可以与他人分享的谈资，记录各种动物活动的轨迹，是一种非常有趣的自然侦探性的工作。动物在寻找食物和伙伴的时候，在移动过程中会留下自己的足迹。足迹是调查动物种类和数量的重要依据，不同动物的足印是有差别的，同种足迹的大小反映了是成体还是幼体，有些足印也可以区分出雌性和雄性。

足迹是一个连续的链，可以通过跟踪足迹链初步确定动物足迹链的长度、活动轨迹和它们的行为，如奔跑、跳跃、休息、争斗、捕食或被捕食等。通过步态的稳定性也可以间接地判断出动物的健康状况。

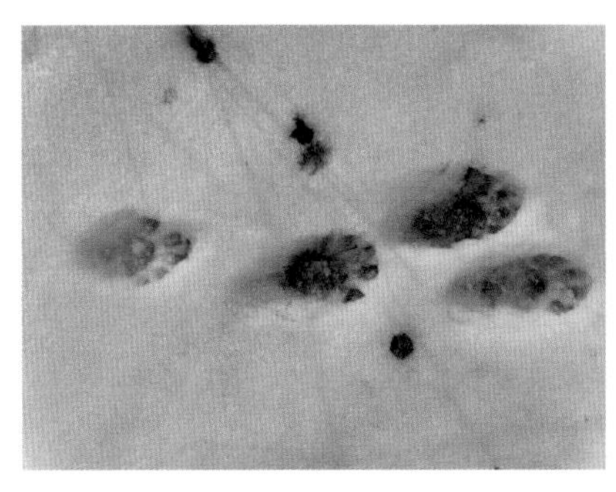

◎黄喉貂的足迹

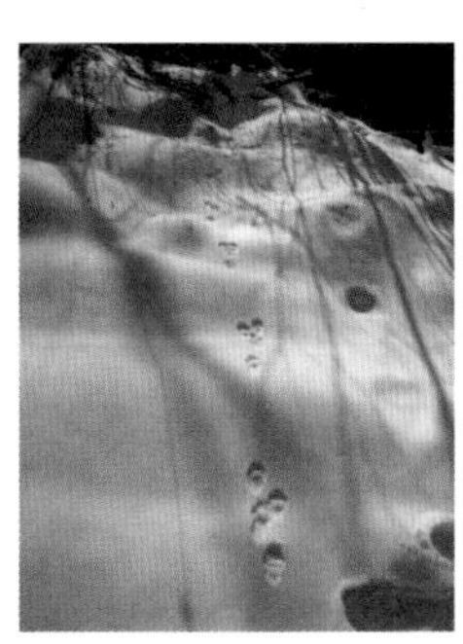

◎青鼬的足印

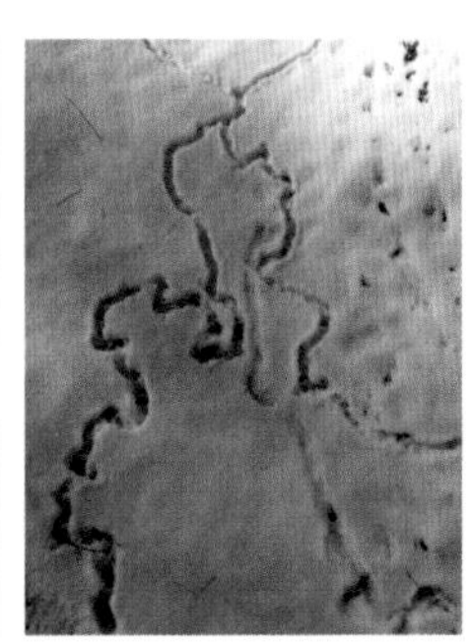

◎鼠类的足迹

◎动物的食痕

◎捕食的痕迹——毛

◎猫头鹰的捕食痕迹

其他的痕迹如脱落的毛，可用来确定动物的种类和脱毛的时间，也可做毛发的DNA分析；骨骼可以判断死亡的动物种类和个体的年龄；卧迹的形状及大小可以判断种类和个体大小等。这些痕迹在动物研究中是非常重要的数据。

不过痕迹具有一定的局限性，传递不了动物出现的准确时间和明确的个体识别，也就不能准确地判断动物是晚上活动还是白天活动、是群体活动还是个体活动等。这种古老而传统的痕迹调查方法，有很多信息是采集不到的，而这些信息的缺乏在很长的时间里困扰着人们从更深层次对动物生态、行为和数量变化的了解。

虽然足迹在动物研究中有非常重要的信息价值，但是动物在不同环境中留下的足迹具有轮廓模糊的特征。地表质地的不同，足迹的形态也不尽相同。例如：浅雪时前足后足一般不重合，深雪时动物们因要节约能量而将足印重合；当动物捕食或逃离时步距变大，跳跃时足印变化较大。

食肉动物和食草动物跳跃时留下的雪坑形状各异，不易区分。一般前足大于后足，雄性的要大于雌性的。熊的前足和后足差异较大，后足面积大于前足，雪大时前后足重叠。此外，足印的前后宽度、足迹的深度也有差异。

如果足印清晰，就容易判断种类；当雪深或是遇到旧迹时，就要综合识别。一般前印深，后印要浅些。如果足印的边缘、拖出的雪的边缘清晰而锐利，为新足迹；如果边缘模糊或不整齐，则为旧迹。还有雪的硬度，也会影响足印，可以借助自己踏出的脚印对比等确定动物足迹形成的时间。足印的大小因环境的变化而发生变化，动物的移动方向也可根据足迹拖印的方向确定，也就是足印带雪的方向。不同动物的前拖和后拖的长度也不一样。

跟踪足迹也是人们增加野生动物知识的一种途径。跟踪足迹除了要配备尺子、纸、笔和卫星定位，还需要一台相机。有了这些工具就能很好地记录每个动物的活动状况。

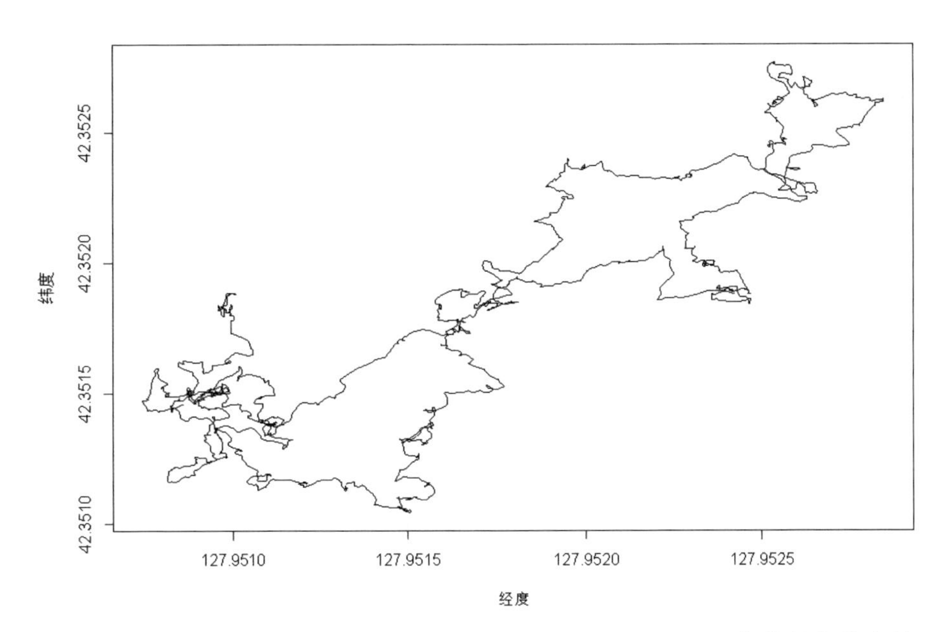

◎紫貂的足迹链

跟踪动物痕迹最好是在雪后第 2~4 天进行。调查前要了解调查地范围内的野生动物种类及分布情况，然后通过雪前雪后的时间关系及气温、风力等气象因素，对痕迹进行出现时间的比较分析，主要包括足印表面硬度、足印面覆盖物、足印变化、足印叠加、粪便的新鲜程度等确定痕迹形成的时间。

一般情况下，绝大多数痕迹的出现与动物活动习性存在着联系。有些动物活动范围包括有固定领地、短期连续取食地和休息地；有些动物有比较固定的活动路线。如果连续几天的某种痕迹在数量、体征量度上存在相似性，就可以认为是同一个体、群体，反之则为不同个体、群体。同时，也可以利用卫星定位，通过分析痕迹点分布的频率来判断种类数量。研究时要充分利用卫星定位定位痕迹出现点，分析动物活动与环境的关系。

22. 无声的记录

长久以来，人们都在思考如何让动物给自己拍照。很久以前，人们尝试着用机械的物理原理，通过动物触碰机关带动相机的快门完成拍照。经过几十年甚至更长时间的探索，人们从物理方法转变为用比较先进的红外线装置和相机连接触发快门的方式拍照，这种方式是典型的主动式红外光束控制快门的方法——动物遮挡了红外光的时候触发快门。到了20世纪90年代，随着数码相机技术的成熟，人们将红外热感应技术与数码相机相结合，发明了红外热感应相机。人们终于实现了让动物给自己拍照的愿望，这是将电能、红外热感应、数码相机结合的产物。当动物在热感应范围内出现的时候，动物体温与环境温度形成的温度差导致热感应器工作，从而触发数码相机的快门，这个过程叫被动式记录。

我在2010年开始尝试用红外相机监测道路两侧动物的活动情况，想了解公路两侧不同距离范围内动物的活动频率等，以此解释道路对动物活动的影响域。我来到计划监测的森林里，按一定距离间隔布放了红外相机，等待着奇迹发生。红外相机拍摄到了比较常见的狍子、野猪、松鼠和花鼠。照片上有拍照日期、时间、气温和月相信息，采集的照片也比较清晰，可以识别动物性别、个体大小、体色和肥满情况等。

◎狍子

◎梅花鹿

◎野猪群

到了 2014 年，我们开始大量使用红外相机进行大样地动物监测，也就是在 5 千米 ×6 千米面积上布放 30 台相机，每台相机间隔 1 千米，在一些样地监测 1 年或更长时间。红外相机的优点是可以长期监测，它在样地时刻处在工作状态，只要在有效范围内有动物经过，它就敬业地记录着动物的一举一动。

红外相机通过热感应器捕捉动物，然后把它们的影像转换成数码文件，记录在存储器上。我们把这些数码文件通过计算机还原成图像，就可以看到它们的真容。解读图像信息，就可以轻而易举地编辑出动物的故事。现代技术丰富了我们对动物世界的认识，不断为我们解读着鲜为人知的自然界的神奇奥秘。

研究动物生态是我们了解动物和更好地保护动物的基本工作，但研究动物行为并不是什么简单的事情。可是对于有探索自然意愿的人们来说，这却是一件很浪漫的事情。只要你选择了自己感兴趣的或行为神秘的对象，就需要在它们不知道的情况下观察它们。事实上，想做到这一点是非常困难的。但是，现在借助红外相机无声地窥探，就可以达到观察的目的。

我最初选择水獭、狗獾作为研究对象，因为水獭很少离开它们生活的河流，狗獾有比较固定的洞穴，容易观察到它们的活动节律。水獭是为数不多的水陆两栖兽类。狗獾是数量较多并且冬眠的兽类。研究这两种动物的行为是我的兴趣。

当我想要在动物活动期间记录它们的行为时，红外相机就发挥作用了。我在一条河里、水獭经常排泄粪便的地方、河边沙滩、洞穴等它们经常出没的地方安放了红外相机；又在狗獾出没的洞穴附近安放了红外相机，让相机长年在那里工作。我的任务就是定期更换电池和存储卡。红外相机每天自动记录着动物的活动，监视着它们每天生活的细节。我不必整天去寻找它们，这让我的研究工作变得轻松多了。红外相机在细微的干扰或不受干扰的状态下，精确地记录着动物活动的时间和行为，整个过程让我觉得自己是最可怕的间谍！

当两只水獭在一起的时候，它们在沙地上打滚或相互蜷缩在窝里，并发出“唧唧”声。当它们在河边沙地上排尿或粪便后，会用脚把尿迹或粪便用沙子盖上，其他个体来到这里时，会先闻闻，然后也在这里排便。这可能是做领地标记的行为。不得不承认，我想

◎水獭家族群

要亲眼看见这些行为是不可能的。但是，红外相机弥补了这一缺憾。

水獭的活动范围很大，通过对固定位点的红外相机长期采集的数据分析表明，水獭重复出现在某个点的时间日期都很有周期性规律，它们昼夜都有活动，但在黄昏或清晨活动较多。监测这类活动也能帮助你了解动物栖息地的状况。一只水獭如果没有足够的食物，就必须每天长时间觅食；如果这里的食物丰富，可能它觅食的时间要减少许多。通过这种对环境变化引起行为反应的监测，我们可以准确地预测地域的食物资源状况，在环境资源匮乏时可及时做出应对。

水獭几乎没有能轻易捕猎它们的敌人，所以它们不需要快速奔跑的机能，它们的生存靠的是潜水捕猎的机能。因此，在寒冷的冬季，水獭可能只在上午短暂活动几个小时；在日照较长的夏季，活动高峰则通常被中午休息打断。与大多数小型哺乳动物不同，水獭可以冒险利用一天的温暖，在沙滩上或大的岩石上休息。这是一种有价值的节能策略，因为它们遇到天敌攻击时，可以迅速跳入水中，躲避危险。

在监测水獭的过程中也会监测到水貂。从对水貂的记录来看，它们很少出现在水獭活动过的地方，如，排泄点、休息玩耍的地方。水貂作为外来物种，已经侵入了河流并迅速繁衍。它们吃鱼类，可能对原地种水獭的食物资源构成威胁。但是，红外相机监测发现，两种动物几乎没有相互攻击或在同一个地方出现的迹象。事实上，物种间的争斗并不比物种内部的争斗更频繁。

我第一次来到狗獾冬眠的洞穴附近，发现从洞口到出行的地方，狗獾踩出了光滑坚实的小道，四面八方的小道都通向它们觅食的地方。在附近就可以闻到狗獾特有的气味。这里真是适合研究狗獾活动规律的地方。

大多数人认为，狗獾可能一年四季都以冬眠的洞穴为家，出去活动后再返回洞穴。果真如此吗？狗獾是一种超级适应者，在各种环境中都能够生活，所以它们的分布范围很广，几乎遍及整个长白山地区。它们善于建造洞穴，洞穴是它们休息的地方，更是它们逃避危险的避难所。狗獾的天敌很多，如熊、猞猁等，因此它们在活动的地方要建几个洞穴，但一般都是临时的，真正冬眠的洞穴是经过几代狗獾反复挑选和修缮后形成的庞大的、结构合理的地下建筑，有卧室、卫生间、储藏室，有好几条复杂的通道，还有讲究的通气口。

红外相机记录了狗獾在冬眠前的活动情况：它们每天清晨出去，有些个体天黑前返回，有些个体在半夜归宿；上午或下午阳光充足

◎狗獾

的时候，几个个体相互依偎在一起，互相梳理毛发，有时也会发生非常残酷的咬斗，也有交配行为。它们在冬天几乎不出来，到了初春气温上升的时候，它们探出头或在洞口附近活动，出来进去活动频繁。几天后，一个个便都出洞了，各自去喜欢的地方，偶尔有个体回到洞穴停留片刻。夏季，它们几乎不回洞。我注意到，狗獾会在黎明前外出，天黑后返回洞里，从而延长白天的活动时间。在温暖的月份里，这似乎是常见的。

红外相机是监测大型动物如黑熊、棕熊和马鹿的很好的工具。红外相机记录了黑熊的大小和身体状况。我们拍到 3 只熊身上带着钢丝套子，有勒到脖子上的，有套到腰部的。这些带有套子的个体，活动范围很大，初次在一个拍照点拍到，几天后在距离 20 多公里的地方再次被红外相机记录到。同时也记录到熊对红外相机的反应情况，如黑熊非常谨慎地接触相机，然后用背部或前爪轻触相机，接着很粗暴地摆弄相机；还记录了熊妈妈带着幼崽来到红外相机前，熊妈妈小心翼翼地察看是否有危险，小熊则不靠近相机，而是绕过相机从边上走过。小熊从树上爬下来的影像也是非常难得的记录。红外相机还记录了熊吃死野猪的场景，熊来吃过多次，最后野猪仅剩皮毛了，还要翻动一下，看还有没有可吃的。

◎黑熊

◎猞猁

有一些民间传说，如马鹿和狍子不会同时在一个地方出现。如果狍子和马鹿没有身体上的相互作用，那么为什么当马鹿到来时，狍子就会消失？多年来，这个问题一直困扰着我。根据红外相机的监测，的确没有发现狍子和马鹿在同一点位上一起出现或在短时间内交错出现的情况。答案似乎是这两个物种利用资源的相似性。它们有共同的食谱，那就是植物的茎叶、枝条和果实。换句话说，它们是食物资源的竞争者。如果一个物种的数量是由合适食物的可得性决定的，那么两个物种在食物供应不足的情况下进行密切接触和竞争，后果是严重的。

◎紫貂

◎马鹿

我在观察监测对象时，注意到的第一件事就是红外相机并没有使它们处在安静的状态，它们很谨慎地对待红外相机，它们能听到红外相机那低沉的快门声音，也能感觉到红外相机发出的微弱的红外光源。尤其是狡猾而谨慎的紫貂，两眼紧盯着红外相机的镜头，片刻后迅速离开。但有些动物，如狗獾，对红外相机就不那么在乎，它们有时摆弄相机，有时啃咬相机外壳。

当我尝试将红外相机监测和传统痕迹调查相结合的时候，感觉到红外相机存在功能上的缺陷。比如，在红外相机镜头前，我清晰地看见一只紫貂跑过去了，还有一些狍子在离镜头稍远的地方路过，

©黄喉貂

可是这台相机并没有记录到。这种情况比较普遍，问题主要出在红外相机的反应速度上。红外相机热感应器感应到温度的变化需要足够的时间，然后才传递到数码相机的快门。如果动物移动的速度过快，就会在快门启动的前一刻脱离有效的拍摄范围。此外，热感应器对体表面积过小的伶鼬、鼠类等小型动物发出的热源反应不灵敏，所以很难拍摄到这些小型动物。另外，红外相机工作状态的好坏与环境温度、湿度、郁闭度和光照强度等因素都有较大的关系。

其实，每一种科学的观测方法都有其不确定性和局限性。传统与现代观察资料均是独立的信息资源，将这些信息资源进行整合才能够拓展我们知识的深度。实践表明，将野外动物痕迹调查方法和红外相机监测方法结合起来，利用各自的优点，能够大大降低其不确定性，提高数据信息的可信度。

23. 雪的原野

东北虎豹国家公园每年的游客主要集中在中国、俄罗斯和朝鲜三国交界的边境区域，几乎所有游客都选择在春季和夏季来到这里。到了冬季，游客的热情会迅速退去。可是，秋季的图们江畔，数以万计的鸟汇集在河滩上和农田中，公园呈现出与春夏两季截然不同的景象，这里成了迁徙鸟类的天堂。

40 年前，我初次踏上这片土地的时候，是带着考察马鹿的任务来的，正好赶上雪后的日子。我的第一站是吉林省珲春市的马嘀达乡。当时路况不好，大巴车行驶了一个多小时才到达。第二天，我们爬了距离村镇东南不远的一座大山。雪没过了膝盖。我们艰难地爬上半山腰，一路上看到了几只大马鹿的足迹。

◎原麝的线条图

第三天，我们乘坐大客车行驶了接近半天的时间来到了春化镇，接着前往青龙台林场的作业点。车不能直接开到目的地，我们只好步行一段距离。在青龙台标志性的石头堆附近，见到一只被我们惊动的原麝，它在离我们不远处腾空跃起，几次跳跃后，在我们的视线中消失了。原麝能在雪深50多厘米的环境下，非常矫健而轻松地在倒木和树枝间穿行。这是我初次在野外近距离见到原麝。

我们住在林场的工棚里，一铺大炕可以容下十多个人睡觉。炕下两边是用大铁桶做的火炉，晚上有人不停地添加木柴。虽然外边非常寒冷，但工棚里暖和极了。这天晚上，工人们睡得很早，因为白天伐木运材很辛苦，而且这里没有电，只有几根蜡烛发出微弱的光。睡觉前，工人们把湿透了的鞋摆放在火炉旁边，一个晚上就烤干了。

工人们一大早就起床了，我们也在天还没有放亮时出发，沿着运材小道调查动物。清晨，太阳还没有露头，寒气凛冽。走了不到一个小时，尽管有双毛袜和毛毡衬里的雪地靴，我的脚趾还是感觉冰凉，手指也被冻麻木了，小胡子上挂满冰碴儿。

虽然这里白天的锯木声很大，但是在离工棚不远的地方，还是有马鹿、野猪、东北兔和小型动物在夜间活动过。离开工棚约1公里，我在运材的小道上见到一只老虎的旧足迹，一直沿着小路向北延伸。虎的足迹被薄薄的雪覆盖，足印已经模糊不清了。在距离村屯很远的森林里，自由漫步的梅花鹿、狍子、马鹿、野猪以及鼬科动物紫貂等随处可见。

我离开了运材线，进入还没有采伐过的针阔叶混交林。这里的积雪深约40厘米，海拔在970米左右。我走到一个红松和杂木混生的沟谷，看到3只狍子的新足迹，它们折断了树枝，吃了比较嫩的枝条；一只原麝在倒木上留下了清晰的足迹；紫貂在白雪皑皑的地面上跟踪着一只松鼠。雪地上，清晰可见小老鼠勾勒出的不规则的足迹链，

◎紫貂

链与洞穴相连。不远处，一小群梅花鹿在雪窝中睡觉，看上去在夏季充足的食物和温和的天气作用下，它们变得又胖又健康，它们的冬衣越来越厚。春天出生的小鹿也不小了，跟随着母鹿。

冬天的雪似乎没有给有蹄类动物带来多少影响，它们长长的腿可以在松软的积雪上活动。动物对气温和雪的反应各不相同，都有其独特的应对方式。有些动物通过冬眠躲过寒冷的冬季，如狗獾、貉、熊和蝙蝠等；有些动物则选择有利于活动、觅食和躲避的空间，摆脱不利的气候条件、解决资源短缺问题。

20 年后，我有幸再次来到东北虎豹国家公园参加虎豹食物资源的调查。一天夜晚，天空下起了雪，一夜间降雪厚度超过了 20 厘米。公园里通向沟沟岔岔的小道上积雪很厚，我们的考察地点突然变成了难以抵达的地方。

我们住在春化镇，每天日出之前起床。清晨，空气中飘浮着一层冰雾，周边变得模糊不清。我们在天气转晴之前就要出发去调查地，我知道今天要去的地方离我们住的地方很远，在公园内比较高的雪岱山一带。

随着太阳升起，雾气逐渐消散，露出无云的蓝天。树上的霜在太阳的照耀下融化了，水滴在枝条上闪闪发光。太阳的热度产生了蒸汽流，从远处看就像是燃烧产生的烟。

下过大雪后，山顶上几乎看不到动物活动的痕迹。山上的雪太深了，有蹄类动物不能适应这种环境而下迁到海拔较低的谷底。褶皱的几条山脊线从山峰辐射到山下的平缓地带。我们在山的半腰调整了调查路线，沿着沟谷往下走。

◎雪中的大马鹿

我在一片距离河流不远的坡地上，透过树林，看到山坡上一头孤独的马鹿正在雪地觅食，它应该很饥饿，只顾低头在深雪中寻找食物。虽然我是在远处窥视着它，但我似乎能听到马鹿撕裂草地的声音和鼻腔喷出的气流声音。在我静心欣赏的时候，附近一只松鸦发出了奇怪的叫声。松鸦的叫声引起了马鹿的警觉，它抬起头朝我的方向观望片刻后，慢慢离开了。

走到林下灌木较密的地方，动物的足迹多了起来。大雪不能阻止大多数动物在寒冷的天气补充能量。我在比较平缓的洼地上看到了几头鹿的足迹和卧迹，它们在这里啃食了大量瘤枝卫矛、忍冬等萌生枝条，围着紫椴树根部觅食了树叶和枯立木上的蘑菇。从卧迹和粪便来看，它们已经在这里居住许多天了。在雪大的情况下，它们的移动范围很小，喜欢在固定的地方活动。在它们活动的范围内没有见到狍子和梅花鹿的足迹，只有紫貂、黄喉貂和东北兔的足迹时而出现。

虽然冬季雪量很大，但山脊的阳面相对温暖一些，因此没有积太厚的雪。山的向阳坡主要生长着喜干燥而抗寒的蒙古栎树。在寒冷的冬季，它们的叶子、种子是动物重要的食物来源。在广袤的老爷岭山脉，蒙古栎树主宰着大部分林地。无论是温暖的季节还是寒冷的季节，它们都营造出一种微气候，一年四季都维持着这个动植物生态系统的平衡。

我踢开地面上厚厚的枯枝落叶，见到一些散落在地面上的蒙古栎种子。阳坡上处处可见成群的野猪拱地的痕迹——蒙古栎集中生长的地方，野猪翻遍了整个坡面。这里的野猪到了冬季集大群活动，我见过共 20 多头的野猪群排着长队在山脊阳面移动的壮观场面。它们活动觅食的地方，空气中弥漫着野猪粪便的味道。在寒冷的季节，

◎一群野猪排着队走过

蒙古栎种子吸引了鼠类、松鼠、野猪、梅花鹿、马鹿和狍子等动物来补充植物蛋白。在雪被或枯枝落叶层很厚时，许多鸟类便在野猪或有蹄类动物翻过的地面上，觅食各种植物种子或土壤里的虫子。

秋季，蒙古栎的树叶变为棕红色。到了冬季，树上还残留着不情愿落地的枯黄叶子，地面上却覆盖了许多棕黑的老叶。在阳光下，地面上映射着一道道黑色的树干影子。这样的环境为虎和豹的活动提供了天然的掩护，即使离得很近，也难以被发现。因为虎和豹的毛色与周围环境浑然一体，是一种很好的保护色。东北虎栖息地的选择随季节变化和食物状况而变化。冬天，有红松和蒙古栎的地方就是大型有蹄类动物比较集中的地方，虎和豹常沿着林间小道或野猪踩踏出来的路活动。

翻过山脊来到山的阴坡，这里生长的树种与阳面截然不同，眼前是白桦、春榆、山杨和胡桃楸混生的杂木林。阴坡的雪很厚，没过了我的膝盖。翻过一个山岗，我看到几头鹿正沿着刚刚留下的但已经被寒风扭曲了的足迹，艰难地一步一步迈向阳坡。漫长的冬季，一次次降雪，使得山地的雪一层一层地加厚，越来越多的动物聚集在阳光充足而相对温暖的阳坡上。

在几乎被冰冻的河流中，有一处没有冻实的河段，一只水獭穿过河水狭窄的裂缝上了岸，在雪地上留下了抖动身体甩出的水滴痕迹和在雪上打滚的痕迹。在河边平缓的灌木丛中，我看见了狍子觅食柳树枝条的痕迹，河岸边还有黄鼬和赤狐的足迹。

◎赤狐

我穿过被大雪覆盖的河边草地，看到了牛、羊和马群，在寒冷中变得行动迟缓而毫无生气的家畜正在农田里低头吃草。到了初冬时节，这些家畜要从山上返回农田里度过冬季。虎豹公园南北约上百公里的狭长农耕带，养育着大量家畜。虎和豹在冬季雪大或食物匮乏的时候，也时常来到田边捕食家畜，饿极了的时候也到居民点袭击家畜，它们特别喜欢捕狗为食。家畜也成了虎豹公园食物链中重要的一环。

许多脊椎动物为了逃避不利的生存环境，通常会在同一景观内的不同生境之间迁移，或者是长距离迁徙，或者是小范围的季节性变动。就食物和生境的选择而言，动物具有更广泛的适应性。

冬季的长期性降雪通常在 12 月初，渐渐地，土地的轮廓变得柔和圆润，景观变成了雪景，降雪会累积到深度 50 厘米左右。在山坡背风面或地势较低的地方，雪被覆盖得更厚一些。虎豹公园具有复杂的地形地貌特征，这里的森林生态系统是完美的。

每天的气温变化暗示着冬天即将来临。这是松鼠们储备食物的最后机会，它们在树冠上、地面上寻找红松种子、蒙古栎种子或胡桃楸种子，然后把种子分散埋藏在自己活动的区域——它们必须储备好过冬的食物。鼠兔也是如此，必须在洞穴或岩石缝里储备大量干草。很多啮齿类动物都必须在秋季过渡到冬季之前做好储备工作。

虎豹公园里所有大型哺乳动物在冬季来临之前的首要事情是在体内储存大量的脂肪。黑熊会在秋天四处游荡，觅食大量红松种子和蒙古栎种子，积累肥厚的脂肪。随着白天越来越短，天气越来越冷，昏暗的天空中飘下阵阵雪花。黑熊来到有洞穴的地方——它们通常在海拔较高或人类干扰小的地方、山坡上的树根下或大树洞里安家。到了 12 月上旬，大多数熊都冬眠了。

冬天来临前是野猪、梅花鹿、狍子和马鹿的交配时节。此时在长白山森林中，可以听到鹿的嚎叫声和雄性争斗时角和角激烈碰撞的声音。有蹄类动物的交配期在10月下旬开始减弱，雄鹿们或和平地聚集在一起，或各自游荡。雌性个体不再受到雄性的干扰，而是和当年的小鹿成群结队地进入冬季牧场。有蹄类动物在雪还不大的时候，到处寻找含有高脂肪的种子和秋后的青草，抓紧时间养膘，积累能量以度过寒冷的冬天。这个时候，虎和豹也进入交配期。它们到处游荡，寻找自己的配偶。它们几乎停止了捕食，似乎有意识地给猎物留下安心觅食的机会。

白雪覆盖的大地上，有一处小小的泉水或湿润的草地对野生动物来说很重要。野猪、梅花鹿的足迹会与水源地连接起来，这些足迹通常跨越草地和森林，绵延数公里。在雪地上，很多动物喜欢沿着先头动物的足迹前进，因此形成了一条深及腹部的雪道。这是动物们在雪深的情况下，节省体能的最佳选择。但这些由野猪或鹿类等大型动物蹚出来的雪道，也成了虎、豹和猞猁追逐猎物的通道。这些捕食者不用消耗大量的能量，顺着动物践踏出来的雪道移动，就能接近猎物，伺机捕杀。

在森林中，东北虎有自己喜欢走的路线，即虎道。虎道是虎长期生活形成的适应性产物，虎在自己标记的范围内活动也许是因为感觉安全，也许是因为这条路线上猎物比较丰富。人们常说虎是猪倌，因为虎经常跟在猪群后面游荡，伺机捕杀野猪群中老弱病残的个体，控制着食草动物的数量，避免某物种由于数量过多而产生疾病流行、植被破坏等生态灾害。

豹的生活环境与虎基本相似，它栖息的环境多种多样，主要生活在山区的树林中，喜欢出没在丘陵地带。豹没有虎那么强壮，它看中的猎物是梅花鹿、狍子和兔子，也捕食小型鼠类、鸟类和两栖类，有时也进入村屯捕杀家狗、家畜等。豹通常有固定的巢穴，常筑于树丛中或岩石洞中。豹擅长爬树，多夜间活动，善于伏击和尾追猎物。虎和豹处在食物链的顶端，在自然生态系统中具有调节控制的作用，是维持生态系统生物多样性和系统稳定性的关键种类。

虎豹公园处于温带大陆性季风气候带，全年平均气温 5℃，极端最高气温 37.5℃，极端最低气温 –44.1℃。许多动物通过冬眠或迁徙来应对恶劣天气和资源短缺。恒温动物中，只有少数动物有冬眠的特性，大多数恒温动物全年都保持活动的状态。小型哺乳动物如鼠类，因为具有大的体积比例，会有相对大的热量损失，所以这类动物往往通过躲藏在雪下的洞穴来保持体温。

冬季来临之前，在体内储存大量脂肪、代谢随季节调整是哺乳动物的生存策略。对生活在雪下的小型动物来说，雪可以使它们与外面的寒冷隔绝，也可以使它们免受许多捕食者的捕食。雪对被捕食者中的有蹄类动物的影响却与小型动物相反，较深的雪会使鹿更易受到捕食者的攻击。

在虎豹公园中，冬天是一个漫长而痛苦的季节尤其是在雪量很大的年份。晚冬尽管雪被下沉了许多，但冬天还是没有过去。

春分过后不久，白天逐渐变长，夜晚越来越短。春天是阳光明媚的日子，松树上沁人心脾的松脂气味使空气中芳香四溢。在开阔的山谷里，一棵棵树干吸收了太阳的热量，使它们根部周围的雪逐渐融化，形成一个个坑，裸露的地表上现出了青草。春天同时也是极端天气交替和忽冷忽热的日子。

春天是生命复苏的季节，动物幼崽出生的时间因物种的不同而不同。鼬科动物出生在 12 月交配季的两个月后，正是啮齿类动物失去雪的庇护而变得脆弱的时候。这为捕食者提供了机会，它们可以获得充足的食物。但是，冬季雪层冰冻和融化的气候事件，为在雪下冬眠或雪下生活的动物带来气温、氧气及二氧化碳等方面的不利环境，并限制了雪上活动的动物觅食植物或猎捕猎物的供应。

在解冻和冻结交替的初春，温暖的风和阳光有时会让雪的深度一天下降几厘米。但晚冬的白天和夜晚温差很大，白天雪被开始融化，到了晚上，雪的表面会像人踩过的道路一样坚硬，上面是成千上万竖立着的像小剃刀一样的晶体，摩擦着狍子和鹿的腿，划破它们纤细的腿，在硬雪壳上留下血迹。鹿在清晨活动时，因冰层撑不住足蹄而被薄冰层绊着腿，不能快速移动，有时还会陷入很深的冰雪陷阱中难以动弹。在冷热交替变化极大的时候，老弱病残的鹿很容易成为虎和豹的猎物。

经过漫长的冬季后，动物们变得瘦弱，更容易被捕食。这个季节正是虎、豹等猫科动物的哺乳期，虎需要捕食大量的鹿类等动物补充营养，来保障幼崽们的生长。

冬季的雪和冰的特性造成的影响显得格外重要。有迹象表明，能够导致冰壳形成的冰冻与融化交替期，大幅度降低了大量物种的冬季成活率。这些物种包括土壤动物、小型哺乳动物和有蹄类动物。这种结冰现象导致了缺氧等和对雪下动物不利的状况，也无植被供应给食草动物。

受大陆季风和海洋环流的影响，冬天的寒气逐渐退去，白霜从树枝上滑落，露出破碎和扭曲的树木。森林里听不到前几个寒冷的月份里树木内部水分结冰、膨胀而导致树干崩裂的噼啪声，看不到流动的河流温暖的水汽与极度寒冷的空气相遇时，薄雾变成白霜挂满河岸树枝的美景。

春天的雪，有时出奇大，树木被压得喘不过气来，新绿的嫩芽就藏在新的白色雪被下面。但春天的雪会迅速融化成水，渗透到土壤里，唤醒沉睡了一个冬天的地表层和休眠的植物。

到了 3 月末，黑熊从冬眠的洞穴中走出来，寻找冬天里死亡的动物或刚刚萌生的青草。它们的足迹就像人赤脚留下的足迹一样，出现在残雪上。此时地面上还有几厘米厚的雪，但冬眠的小动物，如花鼠和狗獾，会从狭窄的洞穴里出来交配，一段时间后，它们的幼崽就出生了，那时大地正在变绿。

4 月上旬，残余雪被中的早春花竞相绽放。还没有完全开封的珲春河中，一对中华秋沙鸭追逐嬉戏。它们在私下里互相鸣叫，在清澈的河水中捕鱼，在阳光下激起水花。

4 月下旬，公园大部分地区的草地上长出了茂盛的小草，但是山谷里的小溪还覆盖着厚厚的冰层。许多鹿和野猪聚集在山谷里，以新生的植物为食。它们的冬衣变得斑驳、破烂，一簇簇冬毛脱落在地上，露出了新的夏装。

与周围形成对比的是，山的阳坡干旱而贫瘠，而阴坡在春天温暖的阳光下，被融雪浇灌得青绿。野猪、鹿和狍子开始在山上选择安全的地方产崽，避开虎豹的追踪。一个冬天过去了，公园里的动物经历了雪的考验。下一个冬天并不遥远，或许有更极端的气候变化，这些动物将应对更严峻的考验。

24. 寻找正在消失的物种

我在整理1963年以来的调查数据。1963—1977年的数据是由东北师范大学的高岫、高玮、陈鹏，长白山自然保护区科学研究所的赵正阶、张兴录、何敬杰及吉林省生物研究所的研究人员采集的；1990年以前的鸟类和兽类的调查数据为长白山自然保护区科研人员辛勤工作的结晶；后期的数据是我延续他们的工作继续进行调查的结果。

大量调查数据记录了整个长白山森林动物区系的变化，我在静下心来分析这些数据的时候，发现有一些种类的数量发生了巨大的变化，于是开始关注这些动物，后期还进行了寻找正在消失物种的考察活动。我在这些种群过去经常出现的地方，寻找它们的踪迹。几年的寻找之路，使我感到想再看见它们的身影，希望渺茫，我唯一能做的就是把这些正在消失的物种公布于众，唤起人们的关注。

◎短翅树莺

我接触鸟类的初期，印象最深刻的是短翅树莺。短翅树莺仅繁殖于我国的小兴安岭和长白山及日本，迁徙经山东及华北至台湾越冬。

短翅树莺是路旁次生杨桦林或灌木丛中常见的鸟类，繁殖期站在小树茂密的枝叶间，发出极为清脆婉转的“咕噜——粉球”的鸣声，有时变换腔调，带点哀伤的味道。即使短翅树莺躲在茂密的灌木丛中隐藏得非常好，但只要听到它特殊的鸣叫声，你就会知道它在哪里。它不轻易露面。我想看看它的样子，只能在附近隐蔽起来，耐心地等待。当它觉得附近没有危险的时候，会在茂密的枝叶间一边鸣叫一边移动到树梢上。我用双筒望远镜欣赏了片刻，只见它的上体呈淡赤褐色，眉纹皮黄色，眉纹下有一条黑色穿眼纹，腹部污白色。它非常机警，我的轻微移动便引起了它的警觉，立刻落入附近的灌木丛中匿藏起来，好久都不再鸣叫。

我通常在凌晨 4 点左右开始到野外观察鸟类，沿着林间小道步行的时候，总是可以听到“咕噜——粉球”的叫声。后来，它们的叫声越来越少，近年来几乎听不到这个非常熟悉的歌声了。过去，短翅树莺是长白山区数量较多而且比较常见的种类，是路域生境中的优势种之一。据 1963 年 5 月的统计数据，每小时的遇见率为 11.6 只；1980 年 5 月份的统计，每小时的遇见率为 1.52 只；在 2005—2006 年 95 条调查样线中，仅有 3 条样线出现过短翅树莺，共见到 3 只个体。

过去比较常见的短翅树莺的数量发生如此大的变化，不得不引起我们的注意。我在 2016—2023 年实施了寻找短翅树莺的行动，在海拔 600 米 ~1200 米的范围内调查了 60 多条林间小道、湿地、农田林缘等生境。我非常细心，希望发现它们的身影。可遗憾的是，我并没有听到短翅树莺那委婉动听的歌声。我与东北师范大学几位老师沟通过，他们也觉得短翅树莺的数量在明显下降。短翅树莺的数量下降之大是事实，其原因可能是多方面的，我还没有找到充分的理由解释一个种群从比较常见到几乎趋于消失的原因。

实际上，一个物种的消长是自然现象，其根本因素可能是外界环境的改变或自身内在的变化导致种群数量波动。在长白山，种群数量明显减少的种类很多，其中黑琴鸡的种群数量下降尤为明显。黑琴鸡是以树冠和地面活动为主的鸟类，分布在欧洲西部、北部至西伯利亚和朝鲜。亚种见于中国东北的松林、落叶松林及多树草原。其中一个亚种见于内蒙古东北部的呼伦池，另一个亚种见于新疆的喀什、天山及阿尔泰山脉。数只雄黑琴鸡集聚于雌性前，做优雅的求偶炫耀，表演跑圈儿行为。

◎黑琴鸡

黑琴鸡在长白山曾经分布在长白朝鲜族自治县的横山和安图县的双目峰园池落叶松湿地一带。一片松树、桦树、越橘林和灌木草地便是黑琴鸡的家园。黑琴鸡似乎在人类活动较少的高纬度森林和灌木茂密的荒野上，依靠其独特的耐寒、觅食树芽、逃避天敌、羽色伪装等适应能力，在森林生态系统中繁衍生息。柳树、杨树和松树的嫩芽，越橘、杜氏越橘和蓝靛果忍冬是黑琴鸡特别感兴趣的食物，松树嫩芽更是其冬季的主要食物。冬天里，一棵松树能给黑琴鸡提供住所，而桦树等落叶树和浆果小灌木则为其提供丰富的食物。

然而，虽然这里的环境变化不是很大，可是在我寻找黑琴鸡的几十年旅程中，自 1995 年秋季在这里见到一只黑琴鸡后，就再没有见到它们的身影。在不同年份，我对长期居住在这里的东方红林业检查站工作人员进行了访谈，结果他们也表示最近几年没有见到黑琴鸡。

黑琴鸡已经处于潜在的危险之中，其原因不外乎几个方面：也许是由于分布范围和分布面积均受到环境因素的限制，使这种鸟类生活在较小的区域，因此数量非常稀少；它们赖以生存的家园环境特殊，一旦受到人类的破坏，或气候变化，这种独特的生存环境就非常容易发生改变；黑琴鸡温驯、笨拙、飞翔力退化，因此容易受到天敌的袭击，许多动物如长尾林鸮、紫貂、青鼬、金雕、雀鹰、猞猁、狐狸等，都捕食黑琴鸡，好像它们生来就是其他动物的盘中餐。因此，任何危害都会对松鸡科鸟类的生存产生严重的威胁。

曾经广泛分布在长白山的黑嘴松鸡也逐渐从这里退出，罕见于大兴安岭、小兴安岭的松树林。不知道什么原因，黑琴鸡也与黑嘴松鸡一样将要退出这里，黑琴鸡的分布区域不断减小，数量急剧减少。

◎黑鹳

我们已经意识到，因森林采伐、人口增加、公路建设、捕杀等人类活动，许多雏类适宜的栖息地正在大量消失；也看到许多雏类在地球上消失或正面临灭绝。这种状况是令人遗憾的，应引起人类的关注。

黑鹳是大型涉禽，站立时身高达1米，雌雄相似。黑鹳通常避开人类活动频繁的地方，独居在树木繁茂的河谷与森林沼泽地带，也出现在荒山戈壁的湖泊、水库及沼泽地带，有时还出现在农田草地上。

◎飞翔的黑鹳

黑鹳栖息地附近都有河流或湿地，它们多在浅水区捕食小鱼和两栖动物，这些是它们的主要食物。它们也捕食各种软体动物、啮齿类、蛇、昆虫等动物性食物。它们通过眼睛搜寻食物，觅食时步履轻盈、小心谨慎，走走停停，偷偷地潜行捕食。遇到猎物时，它们急速将头伸出，利用锋利的嘴尖突然啄食。有时它们也长时间在一个地方来回走动觅食。

黑鹳白天活动，常单独或成对活动在浅水处或沼泽地上，有时也集小群活动，夜间多成群栖息在河边或沙滩上。它们没有声带，所以活动时悄无声息。它们的听觉和视觉发达，距离很远就可以发现人或活动的动物，所以很难接近。黑鹳善于飞翔，起飞时需要在地面上奔跑一段距离，同时用力扇动翅膀，获得一定上升力后才能飞起。飞翔时头颈向前伸直，两脚并拢，远远伸出于尾后。它们借助风力在高空中翱翔、盘旋，步履轻盈地在地面行走，小心翼翼，一旦发现食物，便急速将长长的嘴伸向目标。在繁殖季节，黑鹳有复杂的欢迎仪式和展示行为，通常包括头部和颈部的运动，同时展示尾巴下的白色覆羽。

黑鹳的分布范围很广，在中国繁殖于新疆、青海、甘肃、河北、河南、山西、内蒙古、吉林、黑龙江及辽宁等地方，越冬至长江以南地区及台湾；在国外，它们繁殖于欧洲北部、德国、西班牙、葡萄牙、东欧、蒙古国、西伯利亚东部、朝鲜等整个欧亚大陆古北区。

1976—1980 年，我们在长白山观察了黑鹳的繁殖习性。黑鹳将巢筑在二道白河河岸石崖中部凹进去的岩石平台上，悬崖高 20 米左右，长 140 多米。巢周边的环境为针阔叶混交林，巢顶岩石的缝隙中生长着一棵枝叶茂密的赤柏松，可以遮掩强光和雨水。这个巢至少反复利用了 4 年，后来受附近修建电站拦河坝和巢前经过的引水渠工程的干扰，黑鹳离开了它曾经繁育后代的家，再没有回来过。后续有一些黑鹳的信息，如在劲松向阳村河边粗大的落叶松上发现了黑鹳巢，但也因人类的干扰而很快废弃了。近两年，吉林省全省迁徙鸟类同步调查结果表明，在长白山林区黑鹳的数量极少，几乎没有记录。

黑鹳曾经在长白山几条主要的河流附近比较常见，可是 20 世纪 80 年代后期，人们大量使用农药捕鱼，导致河流中的林蛙、东北鳌虾和鱼类等水生生物一度处于极度贫乏的状态，黑鹳等捕食水生生物的鸟类由于严重缺乏食物，远离了适合它们繁育后代的家园。

秃鹫是大型猛禽，体长可达 66 厘米，翼展可达 150 厘米。在秃鹫飞行中，人们通过其宽阔的指状翅膀、小的头部和楔形的尾巴识别它们。在地面上，粗壮的脚、光秃秃的头，富有力量的喙，使它们的身体显得庞大。秃鹫是一种食腐动物，对它们而言，任何动物的尸体都不会腐烂到不能吃。秃鹫能飞行很长一段距离，在上升的暖流中盘旋，当发现任何可食用的东西时立即从高空下降。它们不擅长主动猎捕，专门寻找动物尸体，所以，它们靠敏锐的嗅觉和视觉来寻找食物。秃鹫是森林、草原和荒漠地带的清洁工，可以把森林里的动物尸体清理干净。

秃鹫用树枝在岩壁上营巢，通常一窝下两枚蛋，由雌雄鸟共同孵化 40 天。在幼鸟独立之前，雌雄成鸟必须照顾它们很长一段时间。

在长白山，关于秃鹫的故事很多，它们常以乌鸦为先导，跟着乌鸦找到食物。也有猎民说，秃鹫经常出没的地方野生动物比较多，而且它们活动的地方常常有虎和豹等大型猫科动物出没。它们可以吃到捕食者留下的食物，常常因吃得过饱飞不起来而被人类捕获。

一只体型庞大的秃鹫在蓝天展翅翱翔是非常壮观的。它尾羽外

◎秃鹫

侧的两枚羽毛很有商业价值，是制作雕翎扇的原料，因而曾遭大肆猎捕，它们的数量也因此变得非常稀少。过去在长白山还有一定种群数量分布，但自20世纪80年代后期，就很难见到秃鹫了。在这段时期，长白山区域因乱捕滥猎，导致野生动物数量急剧减少，尤其是随着马鹿数量的减少，森林中自然死亡的个体减少，影响了秃鹫觅食。

由此可见，每种动物的数量下降似乎与它们的食物资源密切相关，如果较长时间不能满足它们的觅食需求，那么它们的繁殖力将受到严重的影响，它们就会选择迁移到其他地方。一旦种群数量达到最小状态，该种群就很难恢复到原来的水平。现在秃鹫已从国家二级保护动物被提升为国家一级保护动物。这是值得我们关注的物种，我们要加强对它们的保护，并深入开展保护生态学研究。

长白山原始森林已敲响警钟，原麝成为受关注的哺乳动物之一。原麝是一种特殊的鹿类，有胆囊和獠牙，雄性麝香腺的分泌物有浓郁的香味。通常情况下，原麝在针阔叶混交林、针叶林多岩石和有茂盛苔藓地衣的密林中，觅食针叶和松萝地衣。

在长白山观察野生动物的几十年里，我见证了原麝种群的兴衰。20 世纪 80 年代前期，原麝在长白山地区较为常见。在针叶林沿河岸地带的林间小道上，经常能见到黄豆般大小、堆积在一起的原麝粪便。原麝是一种美丽的具有科研价值和经济价值的动物。近 10 年来，我们在长白山努力寻找原麝，在森林深处和以往记录它们活动的地方，布放了大量红外相机来监测，但没有获得任何有关原麝的信息。在两年前的样线痕迹调查中，我们有幸在二道白河半截河一带见到两

◎原麝

◎原麝喜欢吃的地衣——松萝

只原麝的足迹。1985—1995 年在长白山核心区的调查结果显示，原麝的估计数量为 30~60 只；1995—2000 年在长白山区的专项调查结果显示，其数量为 13 只；2005—2006 年在对长白山保护开发区规划区范围内所做的调查结果表明，原麝在该区的数量非常稀少。

人们认为，长白山原麝濒临消失的原因可能是香料工业和传统医药对麝香的旺盛需求，使得人们对原麝乱捕滥猎，导致了其种群数量下降；或气候变暖导致林内干燥，进而影响原麝的主要食物——地衣类的生长；或一些疾病导致其种群死亡。但现在还没有足够的证据可以证明气候变化和疾病是重要因素。我们对原麝的濒危机制还没有深刻了解，还有许多奥秘需要探索。今天，许多文献和地方信息表明，原麝在濒临灭绝的边缘徘徊。在不久的将来，在茂密的长白山森林，原麝能否幸存下去还是一个谜。

实际上，我们要寻找的正在消失的物种还有很多，因为我们对周边存在的许多动物状况还不甚了解，随着对大多数物种的深入观察和了解，我们将关注那些需要被保护的动物。

25. 小小毛毛虫

在长白山，松毛虫害发生已经有几十个年头了，过去只是局部小范围发生轻度的虫害，但是近年来发生得非常严重。2019 年是有史以来最严重的一年，长白山海拔 1000~1300 米范围内的红松、落叶松和云冷杉遭受了史无前例的危害。

从分布来看，虫害的发生似乎与道路关系密切，通常沿路两侧发生的虫害较为严重。例如，山门至险桥 10 千米路段，两侧的落叶松、

◎被松毛虫侵袭的一片森林

红松和云冷杉的新鲜树叶被松毛虫一扫而光，光秃秃的树干林立在道路两侧；长白山西主线延伸至核心区的林间道路两侧，成块状地受到虫害的侵袭，一片片落叶松没有了鲜绿的树叶，看上去是那么的凄凉，甚至让人感到恐惧。随着海拔的增加，虫害逐渐减少。

开春的时候，进入发生松毛虫害的树林里，只见一棵松树的根基上，爬满了浑身长满长长刺毛的幼虫，它们争先恐后地沿着树干往上爬。它们是刚刚从地面的枯枝落叶层中苏醒过来的，有的爬在幼小的针叶树上，像钳子般的口器一口口吞食着鲜嫩的树叶，一针细叶很快就被吃掉了。几天的工夫，参天大树的叶子全都被吃光了。吃足了叶子的松毛虫变得肥胖，缓慢扭动着足有 8 厘米长的身段，还在寻找绿叶，不停地觅食，直到它们进入化蛹期。

◎一棵松树上，一只只浑身长满长长刺毛的幼虫，正争先恐后地沿着树干往上爬

◎松毛虫幼虫

长白山造成虫害的松毛虫种类主要是落叶松毛虫，是鳞翅目枯叶蛾科松毛虫属的一种。落叶松毛虫是东北林区的重要害虫，主要危害落叶松，同时也危害红松、油松、樟子松、云杉、冷杉等针叶树种。落叶松毛虫食针叶，虫害爆发时吃光针叶，使枝干形同火烧，严重时使松林成片枯死。落叶松毛虫害多发生于背风向阳、干燥稀疏的落叶松纯林内。

落叶松毛虫成虫体长在25~38毫米之间，雌性较雄性大一些，体色由灰白到灰褐。幼虫体长63~80毫米，体色有烟黑、灰黑和灰褐三种，体侧有长毛，褐斑清楚。雌蛹长30~36毫米；雄蛹长27~32毫米，蛹的臀棘细而短。

落叶松毛虫以幼虫形态在枯枝落叶层下越冬，越冬幼虫于春季日平均温度8℃以上时上树为害，先啃食芽苞，展叶后取食全叶。取

◎啃食针叶的毛毛虫

食时胸足攀附松针，从针叶顶端开始取食，遇惊扰则坠地蜷缩不动。经半个月取食后，于5月底至6月上旬化蛹，化蛹前多集中在树冠上结茧，蛹期为18~32天。成虫6月下旬开始羽化，7月上旬或中下旬大量羽化，部分到8月才羽化。成虫有强烈的趋光性。

初孵幼虫多群集在枝梢端部，受惊动即吐丝下垂，随风飘到其他枝上；2龄后的幼虫受惊动不再吐丝下垂，而是直接坠落地面。成虫羽化后1天即可交尾，通常在黄昏及晴朗的夜晚交尾。交尾后多飞到针叶茂盛的松树上，在树冠中下部外缘的小枝梢及针叶上产卵。卵成块状，排列不整齐。每只雌蛾可产卵128~515粒。成虫寿命为4~15天。

成虫飞迁是松毛虫扩散的主要方式，飞迁的距离与地形地势、松林的分布和光源有关。几种主要的松毛虫都具有周期性成灾的规律，其周期的长短与地理分布、世代多少、天敌资源、地形地势、森林类型、食料数量和质量、植被情况及林区气候条件有密切的关系。

松毛虫只能在环境条件对它特别有利时，才能产生数量积累并逐步发展到猖獗成灾。这个首先形成的最适宜的小生境，称为发生基地。害虫发生基地是可变的，常随着林木的成长、采伐、更新、演替而变迁或形成新的基地。

在营养丰富的条件下，松毛虫幼虫生长健壮，成虫体长、翅展增大，雌雄性比、蛹长、蛹重、产卵量、世代分化比率等均有利于后代增殖；营养不良至少可引起雄性比增高、蛹重减轻、产卵量减少，相差可达一倍以上。虫害暴发区往往由于食量不足而引起断食死亡。气候不但直接影响松毛虫的分布和世代的多少，还影响着整个生物种群间的动态平衡，从而诱发松毛虫害间歇性周期发生和松毛虫的数量变动。

在光、热充足的条件下，松毛虫生长发育期缩短；在气候不适宜的情况下，则可造成松毛虫大量死亡。长期干旱时，寄主植物内部的水分减少、糖分增加，可使幼虫的取食量增大，间接地促使害虫增加繁殖量。短时的暴风骤雨可以冲刷树上的幼虫，长期的连绵雨会影响幼虫的结茧、化蛹和成虫的羽化。

松毛虫各虫期的天敌很多，包括寄生性昆虫中的赤眼蜂、黑卵蜂、平腹小蜂等，捕食性昆虫中的蚂蚁、胡峰、各种步甲等，病原微生物中的白僵菌、质型多角体病毒和核型多角体病毒等，鸟类中的杜鹃、黄鹂、灰喜鹊、大山雀等。

栖息在长白山森林里的鸟类、兽类、两栖类和爬行类动物共有

300 余种，其中大部分鸟类和两栖动物为食虫类群，兽类中蝙蝠和鼩鼱以食虫为主，小型森林鼠也觅食虫类。从不同植被类型中的食虫动物分布情况来看，针叶林生境主要以小型鸟类柳莺和鼩鼱类为主，食虫种类有 120 余种；而针阔叶混交林中，以山雀类、鼩鼱类和啮齿类为多，食虫种类有 140 余种。已确认为落叶松毛虫天敌的种类有鸦科的灰喜鹊、松鸦、星鸦，杜鹃科的大杜鹃、中杜鹃、小杜鹃、四声杜鹃和棕腹杜鹃，山雀科的大山雀、沼泽山雀、褐头山雀、煤山雀，鳾科的普通鳾和黑头鳾，以及大部分的啄木鸟种类。这些动物在不同季节以不同方式觅食虫子。多数鸟类在树干和树冠层捕食虫子，兽类在地面和枯枝落叶层觅食各种昆虫，食虫类的蝙蝠捕食飞行的昆虫，而两栖爬行类动物以地面活动的虫子为食。由此可见，在原始森林中，不同的类群各自占有自己的取食空间，消耗大量昆虫和其他虫子。

在原始森林中，鼩鼱类的数量和生物量仅次于啮齿类，是一个庞大的群体。鼩鼱类栖息于地表枯枝落叶层下，以昆虫和土壤动物为食，冬季不冬眠，在雪下地表层捕食越冬的昆虫成体或幼虫。鼩鼱类需消耗大量食物来维持高水平的新陈代谢，通过人工饲养观测，一只鼩鼱一天要消耗相当于自身体重的 2~4 倍的昆虫、幼虫和蛹。

昆虫是地球上最庞大的群体，它们在生态系统物质能量转换过程中起着重要的作用。植物的传粉、植物体的分解、有机质的转换等都离不开这些小小的虫子。它们也是许多脊椎动物获取营养的食物资源。

就长白山森林的整体昆虫状况而言，鸟类、兽类、两栖爬行类和蜘蛛等其他动物在很大程度上对松毛虫的繁殖起到了限制的作用。如，从长白山森林落叶松毛虫的发生规模来看，这些动物起到至关重要的控制作用，使其危害一直维持在轻度水平。但是，小小毛毛虫的生长和繁殖特别迅速，一对昆虫在短时间内就完成了后代的繁殖，经过几代后其数量几乎可称为天文数字。而且，大多数昆虫都有飞翔能力，能够占领很大范围。过去，虽然长白山的森林经常被它们袭击，但危害程度不高，通常是一小片树林遭到可忽略不计的破坏，可是2019年的危害真的让人们感受到小小毛毛虫的巨大威力，看到了它们短时间内改变大片森林面目的能力。

从虫害发生的第二年春天开始，我每年都要去虫害发生的地方考察。奇怪的是，落叶松几乎全部萌发了嫩叶，而当年新鲜树叶被松毛虫一扫而光的红松、云杉、臭冷杉依然光秃秃，没有一点复苏的迹象。第三年，红松、云杉、臭冷杉还是光秃秃地林立在道路两侧，它们的树皮变成灰色，有的树皮开始脱落，而落叶松则像没遭过虫害似的依然生机盎然。小小毛毛虫横扫了这片针叶混交林，淘汰了红松和云冷杉，留下了每年秋季落叶的落叶松，最后使得原来的针叶混交林变成了干燥稀疏的落叶松纯林。

落叶松能够复苏，与其生物学特性有关。落叶松每年秋季落叶，经过冬季休眠后，春季再发出新叶，说明在短时间没有树叶的情况下，它还是能够度过极端的生存条件。而红松、云冷杉等树种，需要常年保持足够的绿叶来运行正常的生理过程，所以它们的叶子轮换周期比较长，如果短时间内叶子全部消失，就会严重破坏它们机体的运行机制而导致死亡。

从虫害发生到森林组成的变化，我联想到长白山森林中经常看到的一小块纯林，也许是发生虫害后衍生的产物。我几乎可以认为，长白山森林里成块分布的落叶松纯林是经过小小毛毛虫侵害后形成的类型，也许其他森林中的阔叶纯林也是小小毛毛虫的“杰作”。

26. 森林、动物与人类

森林是动物很好的隐蔽所，老鼠在草丛下挖掘安全通道，鸟类在树冠或侧枝上茂密的树叶中筑巢。一切动物直接或间接地依靠植物生存，食草性动物更是直接依赖于植物并将其作为主要食物。不同动物以植物的不同部位做食物，如植物的根、茎、叶、果实、汁液、花蜜等。因此，植物的状况影响着动物的肥度、繁殖力和数量。种子植物的结实周期对食种子动物的影响很大，在不结实的情况下，以种子为食的动物就要迁移到果实丰富的地区，如交嘴雀、星鸦可迁到很远的地方，而松鼠、啮齿类迁移的范围小，在歉收年份它们的繁殖力下降，数量也会急剧减少，甚至有些会因食物不足而死亡。啮齿类数量的减少，直接影响森林中紫貂、猫头鹰等食肉动物的种群。

有些植物和菌类是各种病的病原体或携带者，对动物往往是致命的。如，可引起昆虫患霉菌病的真菌；能引起鱼类疾病的真菌和啮齿类及哺乳动物的黄癣真菌和其他种脱毛癣真菌等。由细菌传播的疾病为细菌病，如细菌鼻潴、鼠疫、布鲁氏杆菌、图拉伦斯菌病和各种巴氏杆菌病；滤过性病毒有狂犬病、哺乳动物中的壁虱性脑炎、鸟类的蚊性脑炎、鹦鹉病、各种出血热。

动物对植物具有积极的影响：昆虫可以帮助植物授粉，松鼠、星鸦把松树种子埋藏并扩散，一部分种子被吃掉，而一部分则生长为幼苗。吃浆果的鸟类把不能消化的种子通过肠道排出，经肠道处理过的种子更具有再生力。有些植物种子进化出小钩黏附着在动物的毛皮上，从而散布到各个角落。食谷子的鸟类可以消耗大量杂草种子，给农业生产带来益处。在土壤中活动的动物可以让土壤松软，改善土壤透气性，提升土壤肥力等。

动物对土壤、植物及植物群系也有消极的影响。例如：小黄鼠挖洞翻土、堆土包等行为破坏了草地的环境；啮齿类啃食树皮、挖洞毁坏堤坝、大量吃草改变植物群系的结构等。

关于人类与动物的关系问题，人们从动物保护、动物福利、动物饲养以及动物在生态系统中的作用诸方面都进行过深刻的阐释。我们知道，野生动物是生态系统中不可缺少的组成部分，在自然界的生态链条中，每一种野生动物都扮演着不同的角色、体现着不同的存在价值，共同维系着自然界的生态平衡。

但是，在自然界出现的蝗虫大爆发、森林病虫害、疾病传播等自然灾害，似乎也都与动物有关联。这也许与动物对于生存环境的变化特别敏感有关，一旦生态环境发生改变，动物就会有灾害性的反应。那么，这些由野生动物引起的灾害机制是什么？是野生动物自身的问题，还是人类的问题？目前还不是很清楚，但至少可以认定，是人类与野生动物共存的某些环节出了问题。

从古老的原始社会到现代社会，在人类发展和演化过程中，动物起到了至关重要的作用。人类早期对野生动物的驯化，培育出了满足人类各种需要的品种，产生了可用于运输、农耕、食用、观赏的动物。人类在长期与动物接触的过程中，从野生动物的特有本领中获得灵感，人类技术的发明和各种工具的制造等方方面面，都来自动物带给我们的灵感，如声呐的灵感来自蝙蝠、电池的灵感来自电鳐，这样的例子不胜枚举。

在这个世界里，充满着人类与动物产生的情感交流。古老的狩猎活动激发了人类社会的合作性，动物驯化发展了运输和社会交流，动物毛皮的利用发展了纺织技术，动物仿生学带来了科学技术革命，实验动物促进了医学进步，对野生动物生存本领的研究丰富了人类对这个世界的理解。

在人类的生存空间中，动物一直扮演着生态链中的重要角色，人与动物直接或间接接触，以相互利用的方式联系在一起。我们身边的动物，如牛和马伴随人类的运输和农耕，狗和猫是人类忠实的伙伴。不论是对人类来说，还是对动物来说，食物都是首要的问题。动物一直以来都是人类补充蛋白质的主要来源。由此可见，动物在人类社会发展中起到了至关重要的作用。动物为人类提供了丰富的物质和文化元素，这是人类与动物能够共存于这个世界的最根本的基础。

野生动物是在生态系统中维持生物多样性的重要物种。大部分农作物和草木都要靠动物来传粉，许多树种的更新和扩散都依赖动物。在整个生态系统的物质循环和能量流动中，动物是不可缺少的重要成员。如果自然界没有了传粉的动物，那么许多植物将无法完成繁殖，整个生命体系就会崩溃。

自人类和动物共存之时起，动物就受到人类活动的影响。人们在改变自然的过程中，有时会引起动物、植物界的改变，而这种改变对于动物生存可能是不合适的，有时甚至是灾难性的。

大家都知道，农耕活动极大地改变了地理景观，地球上原生的植被被农作物替代；农耕改变了原来的森林或草原等的特性，以致森林动物或草原动物离开了这个不能正常生存的环境，取而代之的是繁殖力强的田鼠和一些农业害虫，形成了新的动物群落。在草原上放牧的驯养动物吃着与野生动物同样的食物，改变了牧草地上的植被及动物群落，影响着野生有蹄类动物。

密集的道路造成动物栖息地破碎化，致使一些野生动物死亡和种群遗传隔离，不少动物被运输到其他区域从而广泛散布，因此也加快了危险疾病携带者和害虫的扩散。砍伐森林、城镇人工景观、灯光和噪声等都影响着野生动物的栖息环境，改变着动物的群落结构。

过度捕杀导致许多动物减少或完全灭绝的事例很多，现在地球上每一天都会增加一种濒危的生物。各种野生动物成了一些人追逐的目标，还有一些人靠贩卖野生动物谋取经济利益。我们周边的鸟类、兽类和两栖类爬行动物，有的是因为环境变化，自身无法适应这样的剧变而灭绝；也有一部分是因为人类过度捕杀来换取高额的利润而濒危；还有一部分是因为人类捕食而惨遭灭绝。如果我们留意的话，如今在田野上已经很少能轻易地见到青蛙了，这是环境污染、栖息地破坏和大量被人类食用的结果。青蛙是孩子们在健康的野外环境中首先能看到的动物之一，是他们幼小心灵中最崇拜的控制虫害的能手，但现在孩子们找不到那么多的青蛙了。越来越多的迹象表明，人类对动物的捕杀和对环境的破坏，造成了某些动物的濒危，使得动物灭绝的速度越来越快。

大自然是维持我们生命的系统，人类所面对的奇妙的大自然是非常精密的运行系统，动物的减少正在破坏这个运行系统，也就是在危及人类的未来。众所周知，人类健康、食品和药品的供应以及全球金融的稳定，都会受到野生动物和自然环境恶化的负面影响。人类必须意识到，任何微小的干扰和伤害，都可能给未来造成巨大的灾难。人类与野生动物通过栖息地，以生态链的结构密切联系着。

例如，在森林生态系统中，因人类干扰而缺失了顶级捕食者对生态链的调控作用，在无控制状态下，一些动物数量剧增，对森林环境造成危害。而且，一些带有疾病的个体得不到很好的控制，还会给人畜带来威胁。人类行为所带来的灾害事例很多，如引入的外来物种，它们离开了本来的生存空间，被人类迁移到了新的环境中，对新的生态系统造成了很大的破坏。

从不同角度来审视人与动物共存的这个世界，会让人产生某种肃然起敬的感觉，它提醒我们，与动物共存有着难解的困境。我们如何保护野生动物，如何预防动物带来的疾病，如何做到与动物和谐共存在一个地球上呢？

我们必须反思，人类的活动正在导致生态系统失衡，我们怎样能够更好地管理大气、陆地、海洋、河流、湿地、池塘、湖泊、森林和草原。这一切不仅要求我们广泛地开展研究，并且要深入地研究各个物种的生态学，在生物学的基础上，采取提高动物栖息地质量和栖息地完整性的有效措施，以及在人类经济活动状态下合理地改变动物群落组成的方法。

我们生活在大自然中，不断侵占野生动物的生存领地，使得人类与动物的接触更加密切，这个过程难免产生人与野生动物的生存矛盾。虽然我们与动物的关系悠久且深刻，但是，我们对野生动物的世界还不是很了解，对许多动物的生物学、生态学认知还很缺乏，还需要深入研究每一个物种的自然生活史和生命规律。只有充分认识野生动物与人类的相互关系，我们才能够热爱大自然、尊重生命、尊重野生动物的生活空间，不伤害、不打扰，保障每一个物种的生存权利，营造人类与野生动物和谐共存的天地。